Auf dem Tablet erklärt

Sandra Schulze

Auf dem TABLET erklärt

Wie Sie Ihre guten Ideen einfach und digital visualisieren

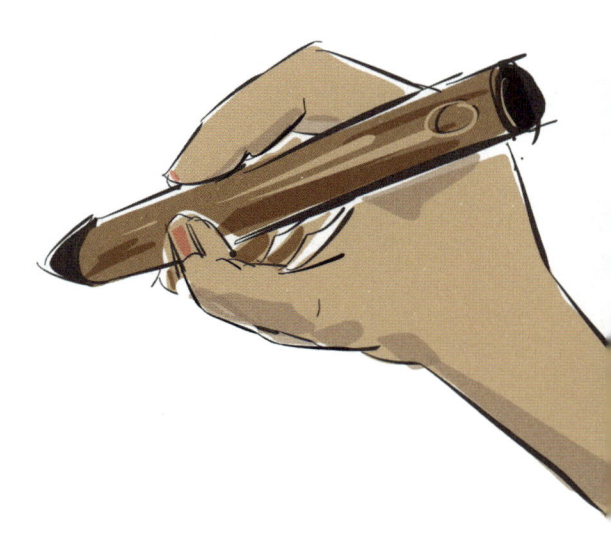

Lektorat: Barbara Lauer, Bonn
Lektoratsassistenz: Stefanie Weidner
Copy-Editing: Friederike Daenecke, Zülpich
Buchgestaltung und Illustration: Sandra Schulze
Satz: Ulrich Borstelmann, Dortmund
Herstellung: Nadine Thiele
Umschlaggestaltung: Janine May
Druck und Bindung: mediaprint solutions GmbH, 33100 Paderborn

Bibliografische Information der Deutschen Nationalbibliothek
Die Deutsche Nationalbibliothek verzeichnet diese Publikation in der Deutschen
Nationalbibliografie; detaillierte bibliografische Daten sind im Internet über
http://dnb.d-nb.de abrufbar.

ISBN:
Print   978-3-86490-513-1
PDF   978-3-96088-259-6

1. Auflage 2018
1., korrigierter Nachdruck 2019
Copyright © 2018 dpunkt.verlag GmbH
Wieblinger Weg 17
69123 Heidelberg

5 4 3 2 1

Meine erste iPad-Zeichnung
2012 auf der Terrasse der
»Molkenkur« in Heidelberg,
August 2012

Vorwort

Der sonnige Augustabend versprach Entspannung und den einen oder anderen Aperol Spritz. Vor mehr als fünf Jahren saßen wir auf der Terrasse des Heidelberger Hotels »Molkenkur«, schauten ins Tal und tranken zwei, drei Aperitifs. Mit dabei: ein iPad der zweiten Generation.

Ein Trainingstag zu visueller Kommunikation für Unternehmensberater lag gerade hinter mir, und drei weitere sollten in den nächsten Tagen folgen: ein ganztägiger Workshop für Produktmanager, die Illustration eines World Cafés und – Premiere: ein Abendworkshop ohne Flipchart und Stift für die Alumni meiner »Visual Sensemaking«-Trainings. Die »Durchseuchung« mit iPads im Unternehmen war gerade mal so groß, dass einige innovative Mitarbeiter erste Schritte im digitalen Zeichnen wagten, und dabei wollte ich sie unterstützen.

Nicht, dass ich an diesem Augustabend dafür bereits eine Agenda hatte. Oder auch nur einen konkreten Plan. Aber bis zum Sonnenuntergang hatte ich die Möglichkeiten der Adobe Ideas-App (heute Adobe Draw) erkundet und fühlte mich für die Veranstaltung gewappnet. Der erste »Visu-Salon Elektro« begann mit einem Austausch zu passender und unpassender Software, Eingabestiften und

ersten Versuchen, analoges Zeichnen auf ein digitales Medium zu übertragen. Wir alle waren angefixt von den Möglichkeiten.

iPad-Generationen kamen und gingen, und mit ihnen erschien eine kaum mehr überschaubare Palette an Tablets mit Windows- und Android-Software und entsprechenden Apps. Genau dafür finden Sie in diesem Buch Unterstützung: für Ihre ersten Schritte mit einigen gängigen Apps und Stiften, mit brauchbaren Anleitungen und einer Menge an Beispielen zum Skizzieren, Präsentieren und Teilen Ihrer guten Ideen.

Legen wir los!

Visuell kommunizieren

Vorwort

© blog.SandraSchulze.com

OK, versuchen wir es noch einmal:

Verwenden Sie einfache und allgemein bekannte Symbole, weil:

✔ einfache Skizzen werden sofort verstanden

✔ Schlüsselbilder verankern sich in den Köpfen, dort bleiben sie ein wichtiger Bezugspunkt

✔ Skizzieren aktiviert und bindet den Kunden mit ein.

✔ Skizzieren ist eine natürliche Weise, Gespräche zu unterstützen. Trauen Sie sich!

1. Intro

Warum was, wie, wofür und womit?

Warum?

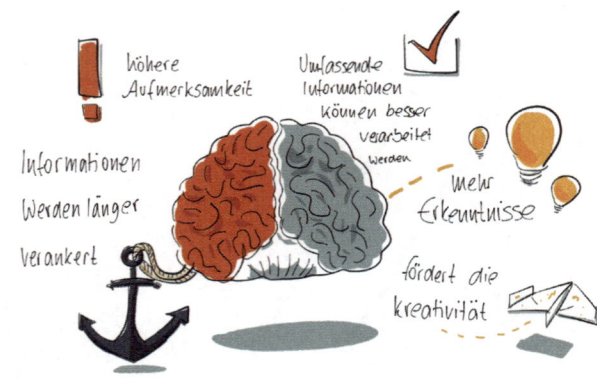

höhere Aufmerksamkeit

Umfassende Informationen können besser verarbeitet werden

Informationen werden länger verankert

mehr Erkenntnisse

fördert die Kreativität

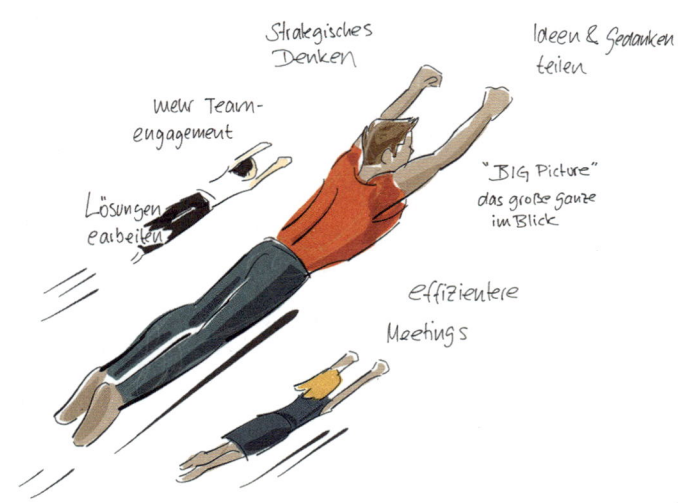

Strategisches Denken

Ideen & Gedanken teilen

Mehr Team-engagement

"BIG Picture" das große Ganze im Blick

Lösungen erarbeiten

effizientere Meetings

Egal in welcher Branche Sie arbeiten, die Meetings und Telefonkonferenzen werden mehr. Die Informationsflut ist unaufhaltsam, der Druck, in immer kürzerer Zeit mehr zu leisten, sich schneller zu entscheiden, wird immer höher. Sie haben keine Zeit, tolle Power-Point-Präsentationen zu erstellen, um Ihre Kunden und Kollegen von Ihrer Idee, oder von Ihrem tollen Produkt zu überzeugen?

Dann habe ich eine gute Nachricht für Sie. Sie können sehr schnell Inhalte zeichnerisch darstellen und präsentieren.

Warum sollten Sie das tun?

Wenn Sie Inhalte visuell darstellen, können Sie und Ihre Zuhörer sich die Inhalte besser merken. Sie können Inhalte besser strukturieren und gemeinsam mit Ihren Teilnehmern Lösungen erarbeiten. Das große Ganze wird sichtbar und das Meeting viel effizienter. Missverständnisse werden minimiert. Chancen und Möglichkeiten werden aufgezeigt und bekommen mehr Engagement von Ihren Teilnehmern und Zuhörern. Meetings werden spannender und lebendiger. Alle sind bei der Sache, bei Ihrer Sache! Es gibt keine Ablenkung,

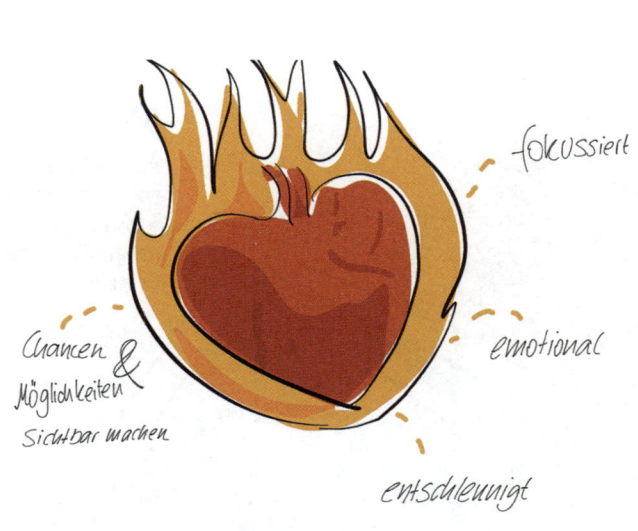

fokussiert

emotional

Chancen & Möglichkeiten sichtbar machen

entschleunigt

niemand wird überflutet von 267 PowerPoint-Seiten voller Text und Zahlen. Visuelle Kommunikation entschleunigt und fokussiert auf das Essenzielle. Die Zuhörer werden »gepackt«, indem sie auch emotional angesprochen werden. Hier schließt sich der Kreis: Wenn mich etwas emotional anspricht, werden Gefühle geweckt. Ich erlebe etwas, und wenn ich etwas erlebe, ist das eine Erfahrung, die ich mache. Dadurch wird es für mich unvergesslich. Durch das Sehen, Hören und Erfahren.

Ungeschickte oder unklare visuelle Kommunikation ist einer der häufigsten Störfaktoren in der täglichen Zusammenarbeit. Dabei lässt sich gelungene Visualisierung gezielt als Schmiermittel nutzen: Sie hilft, Reibungsflächen verschwinden zu lassen, und reduziert Missverständnisse – egal, ob im 1:1-Dialog, im Meeting, bei der Konferenz oder im Workshop. Sie hilft Ihnen, Ihre guten Ideen unvergesslich zu machen, und Ihrem Gegenüber, über nächste Schritte zu entscheiden.

Was?

In Brainstormings, Meetings, Präsentationen, Pitches, Workshops und Trainings visuell auf Tablets kommunizieren

Wie?

✳

Alle anderen Stifte sind nicht mit allen Apps kompatibel, oder haben Aussetzer beim Schreiben.

Es gibt nur 3 Stifte, die ich empfehlen kann:

Apple Pencil
 (ca. 100 €)

Pencil von
Paper 53 (ca. 80 €)

WACOM Bamboo Alpha
2 Stylus (ca. 10 €)

Wofür?

Womit?

Ideen festhalten

Projekte organisieren und teilen

Customer Journeys erstellen

Präsentieren und Ideen erklären

Apps für iPad	Apps für Android Tablets
Paper	Skizze
	Illustrator Draw
	Bamboo Paper
	Evernote
	Dropbox
Strip Designer	Comic Strip
	Videoscribe anywhere
	Tawe

Was?
Die Möglichkeiten

Wie viele Möglichkeiten gibt es, etwas auf dem Tablet zu erklären?

Unendliche viele! Auf dieser Seite zeige ich Ihnen einen kleinen Ausschnitt an praktischen Beispielen aus meinem Alltag:

Workshop-Ergebnisse dokumentieren

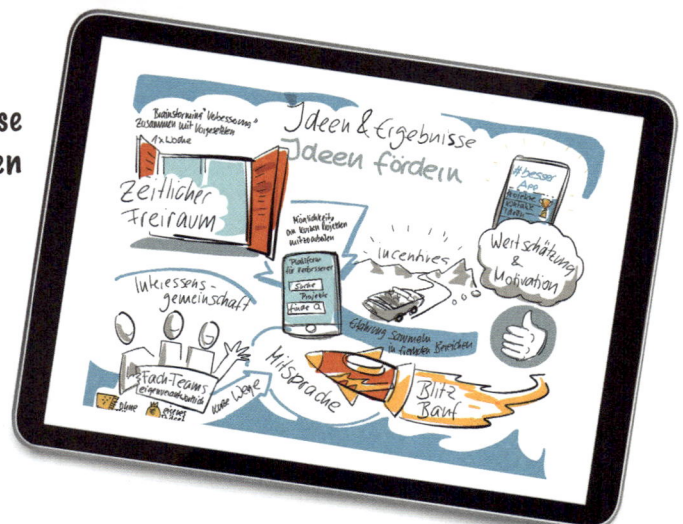

Notizen und Ideen sammeln

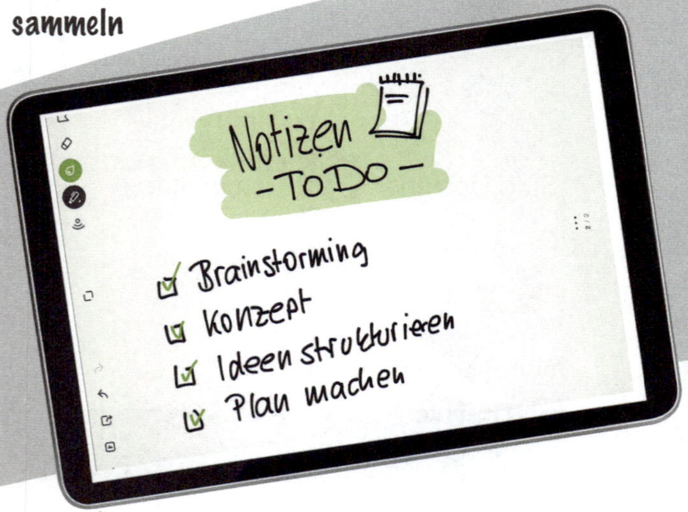

Filme und Präsentationen erstellen

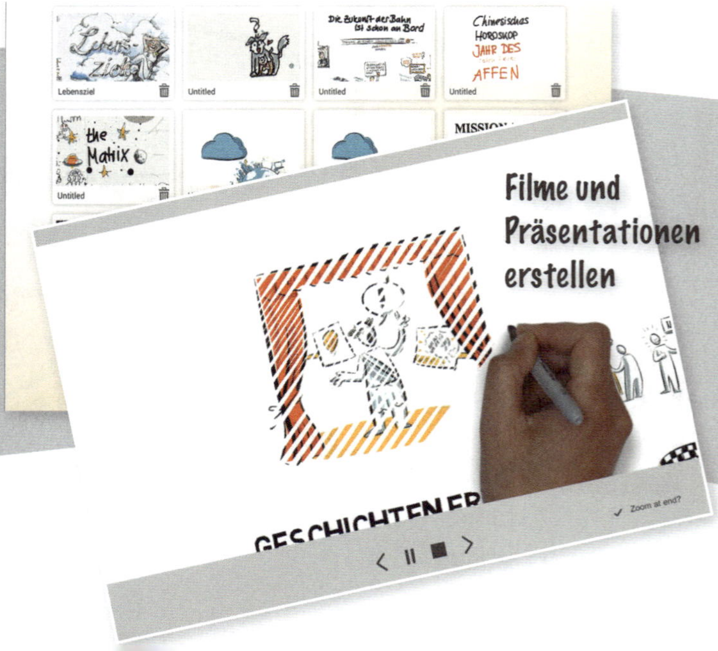

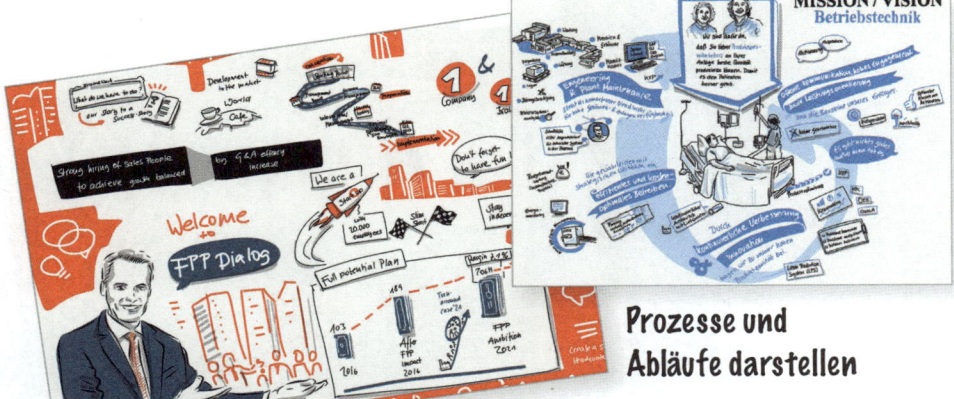
Prozesse und
Abläufe darstellen

Customer Journeys
erstellen

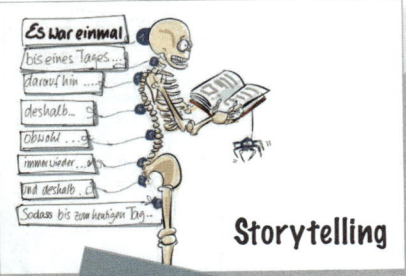
Storytelling

PowerPoint-
Alternative

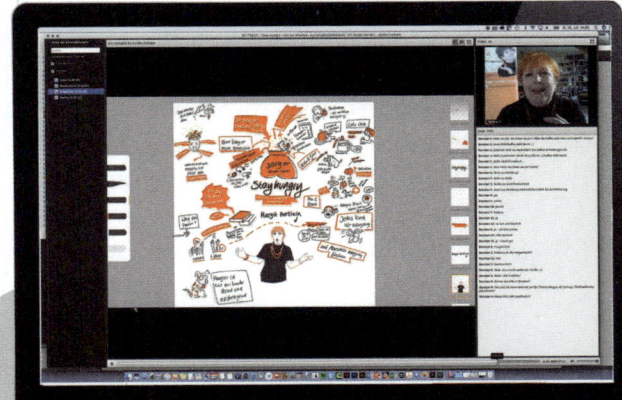
Webinare und
Telefonkonferenzen

Wie?
Die Grundeinstellungen

Für den Anfang empfehle ich eine einfache App, mit der Sie schnell gute Ergebnisse erzielen. Paper ist mein Favorit. Wenn Sie auf einem Android-Tablet zeichnen, empfehle ich Ihnen Skizze (Sketch). Die beiden Apps sind von den Werkzeugen und der Bedienung her sehr ähnlich. Sie können auch die Notes-App von Bamboo Paper verwenden, oder Adobe Draw.

Alle Apps, die ich Ihnen vorstelle, sind kostenlos. Manchmal kostet der Export ein paar Euro, darauf werde ich Sie aber hinweisen. Um schöne Symbole zu zaubern, gibt es eigentlich nur drei Werkzeuge, die Sie brauchen:

Einen feinen Stift für schwarze Konturen und zum Schreiben.
Einen Stift für Farbe oder ein Werkzeug zum Füllen.
Einen Marker für Schatten.
Dazu stellen Sie die Deckkraft des Markers auf 30 % und Schwarz.

Skizze

Paper

Adobe Draw

Strip Design

Tawe

Notizblock+

Dropbox

Evernote

Bamboo Paper

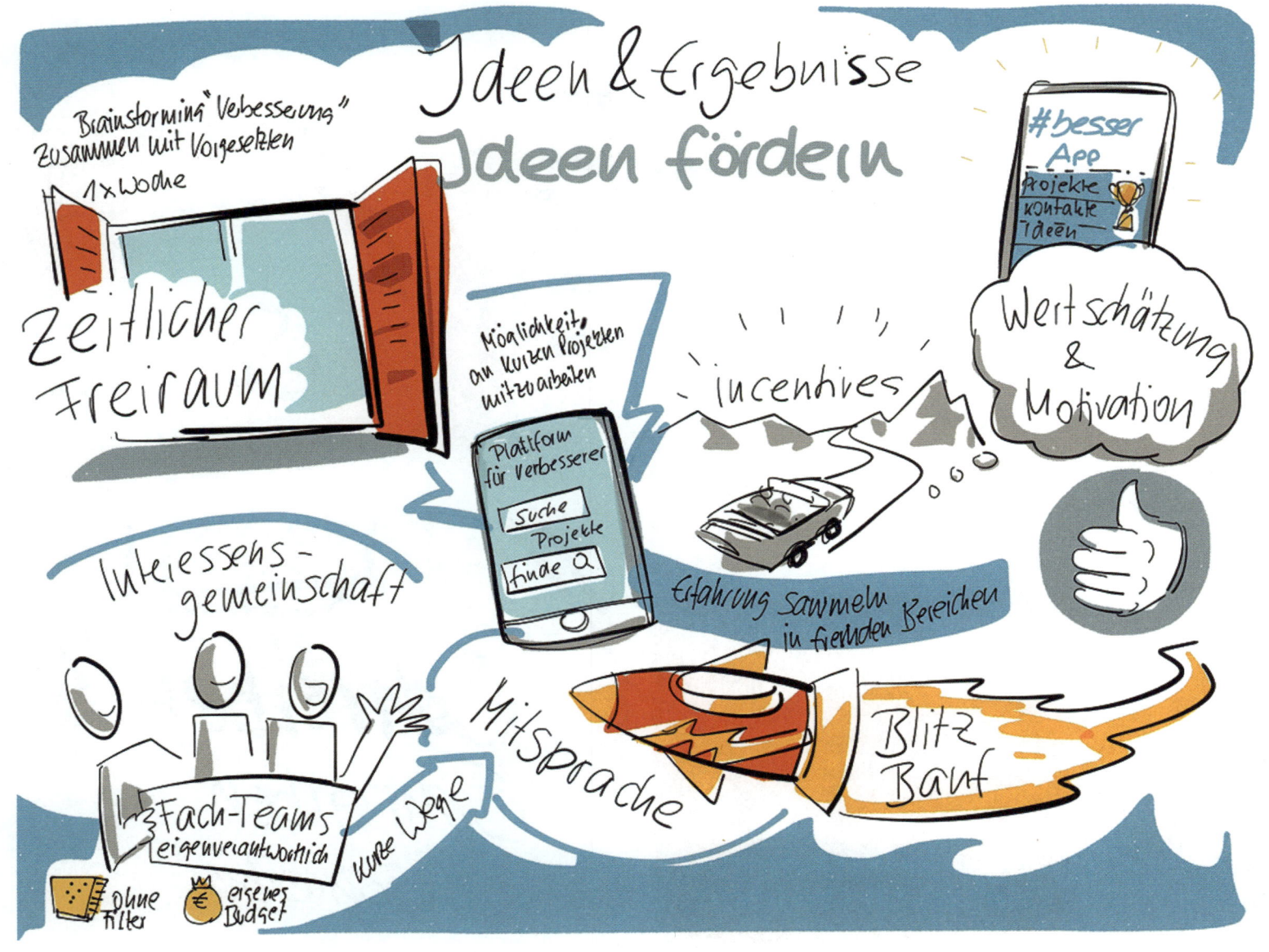

Die Grundeinstellungen
in Adobe Draw

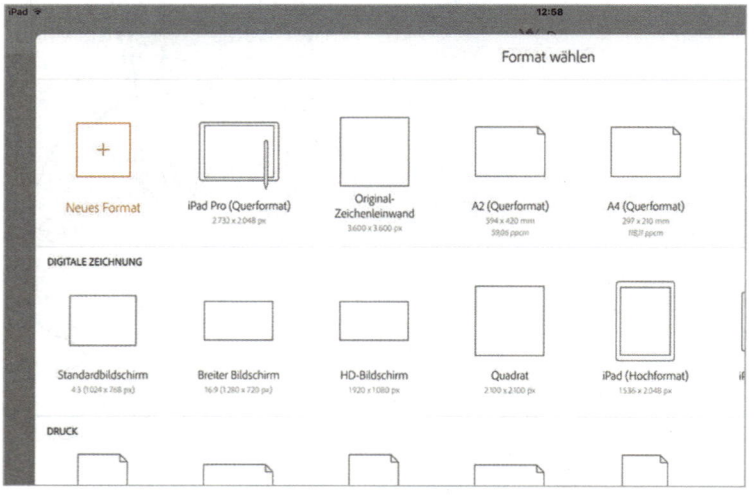

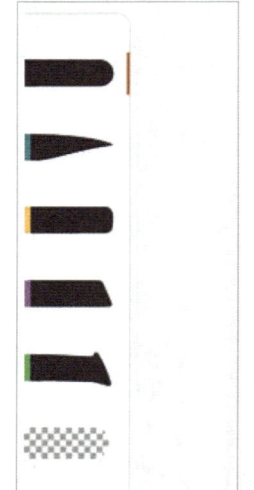

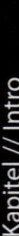

Wählen Sie Ihr gewünschtes Format. Die App Adobe Draw ist ein vektorbasiertes Programm. Sie können die Bilder haushoch ausdrucken sowie in Grafikprogrammen weiterbearbeiten.
Wie dick der Stift sein sollte, hängt von Ihrem gewählten Format ab. Testen Sie einfach, was aus Ihrer Sicht am besten aussieht.

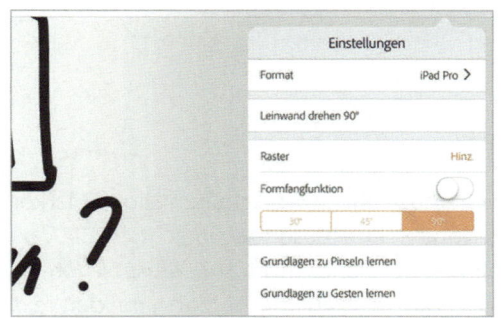

Eine kleine Hilfe für eine besserer Orientierung ist das Raster. (Sie finden es oben rechts bei den Einstellungen). Es ermöglicht Ihnen, ordentlicher auf einer Linie zu schreiben und zu zeichnen. Sie können auch ein Perspektivenraster wählen, wenn Sie etwas dreidimensional zeichnen möchten: Dazu erfahren Sie mehr auf Seite 260.

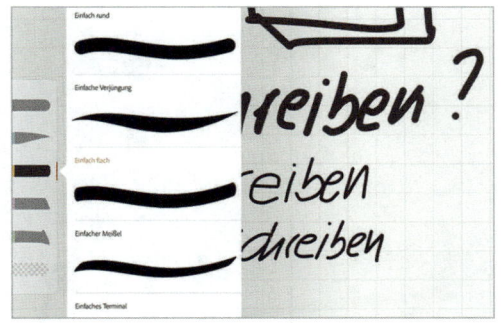
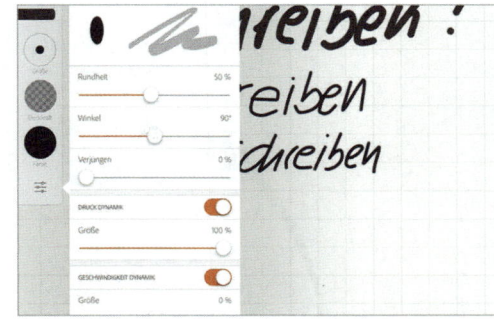

Adobe Draw ist eine der vielseitigsten Apps, nicht nur wegen der Einsatzmöglichkeiten, sondern auch wegen der Einstellungsmöglichkeiten der Werkzeuge.

Sie können jedes Werkzeug selbst anpassen. Das nutze ich besonders bei dem Marker »Einfach flach«: Ich stelle den Winkel diagonaler und etwas runder ein, das passt besser zu meiner Strichrichtung.

Eine Fläche füllen: in die Fläche tippen und gedrückt halten

Schatten setzen: 2 Striche mit dem Marker (20 % Schwarz)

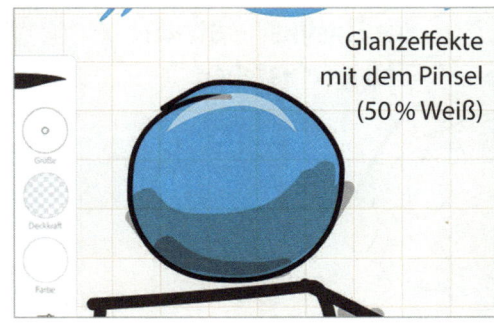

Glanzeffekte mit dem Pinsel (50 % Weiß)

Die Grundeinstellungen
in Bamboo Paper und Notizblock+

Sie haben bei Bamboo Paper nur zwei Stiftarten zur Auswahl: einen Fineliner mit drei Strichstärken und einen transparenten Marker, auch in drei Strichstärken. Eigentlich braucht man nicht mehr. Wenn Sie mögen, können Sie jedoch ein weiteres Stifte-Set für ca. 5 € hinzukaufen.

Notizblock + hat die gleiche Auswahl an Werkzeugen: einen Marker und einen Fineliner. Was Notizblock + besonders macht, ist die Vergrößerung und Gestaltbarkeit der Handschrift, zum Beispiel Voreinstellungen für den Blocksatz oder Aufzählungen. Man kann den Text auch über die Tastatur eingeben.

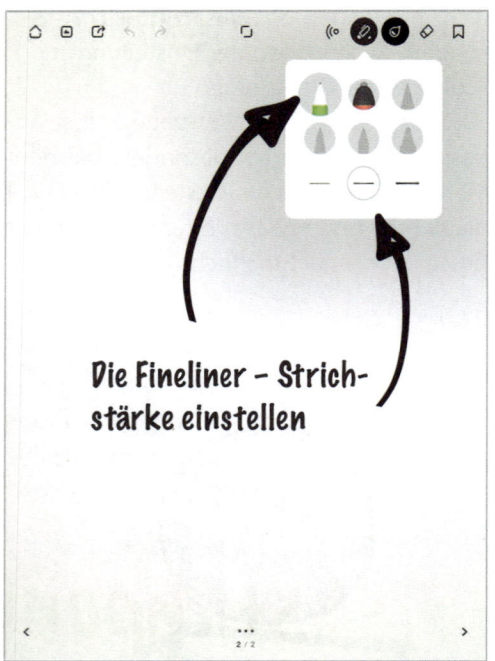

Die Fineliner – Strichstärke einstellen

Eine Farbe für den Fineliner einstellen

Eine Schatten- und Kontrast-Farbe für den Marker einstellen

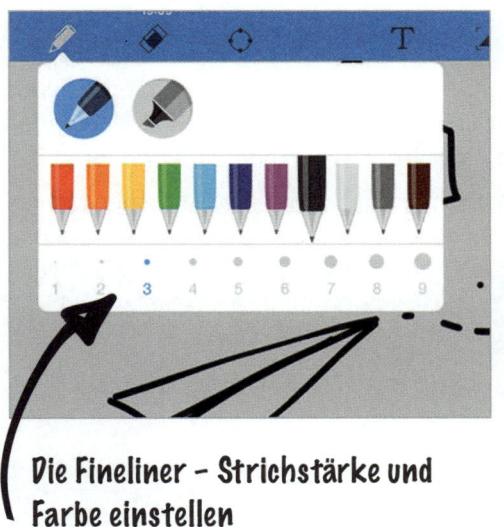

Die Fineliner – Strichstärke und Farbe einstellen

Eine Farbe für den Marker einstellen

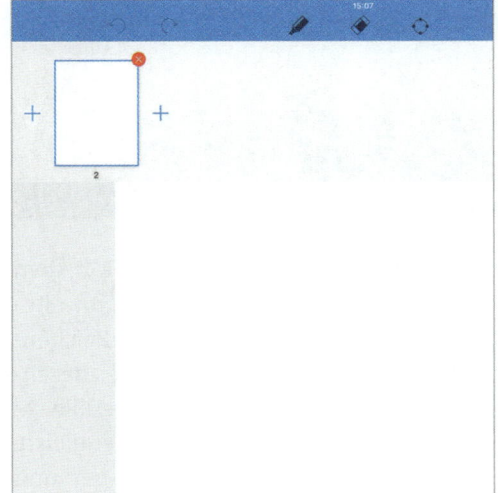

Die Grundeinstellungen
in Paper

Paper ist meine Lieblings-App. Mit wenigen Werkzeugen gelingen schnell gute Zeichnungen. Mit dem Konstruktionswerk-zeug kann man Organigramme und Grafiken erstellen, die Rolle macht das Färben und Ausmalen leicht, und mit der Feder kann man schön zeichnen, mit dem Fineliner und Marker gut schreiben. Je nach Software-Version kann die Anordnung der Werkzeuge etwas anders aussehen.

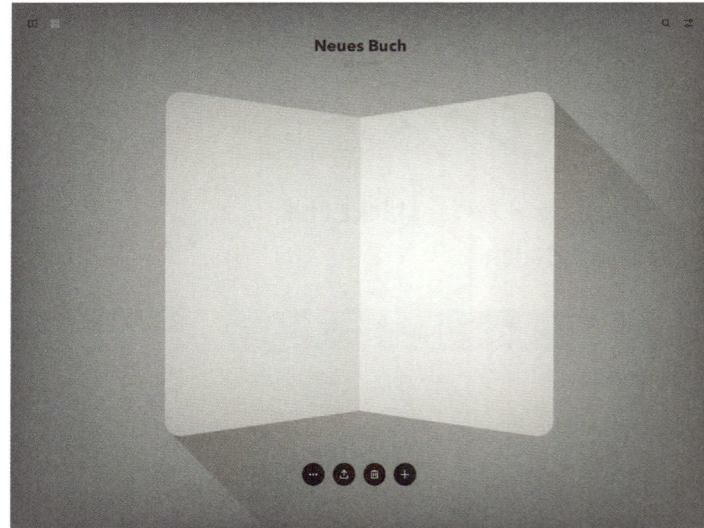

Um zu beginnen, legen Sie ein neues Journal an. Tippen Sie dazu auf das schwarze Plus-Symbol. Wenn Sie auf das Wort »Journal« tippen, können Sie Ihr Buch individuell gestalten, indem Sie es umbenennen und eigene Cover kreieren.

Wenn Sie nun auf Ihr Buch tippen, öffnet es sich. Mit dem Plus-Symbol können Sie zusätzliche Seiten anlegen. Ein weiteres Tippen auf das geöffnete Buch zeigt die gesamte Zeichenfläche. Am unteren Bildrand sehen Sie dann ein kleines dezentes Dreieck. Mit diesem Dreieck blenden Sie die Werkzeugleiste ein. Mit einem Wisch nach unten können Sie die Werkzeugleiste wieder ausblenden, wenn Sie mehr Fläche zum Zeichnen und Schreiben brauchen.

Werkzeugdicke
verstellen:

○ Werkzeug auswählen
○ Werkzeug nach oben
wischen (dicker), nach
unten wischen
(schmaler)

Farbfelder
(nach rechts
wischen für
mehr
Farben)

Radierer

Feder

Bleistift

Marker

Fineliner

Aquarellpinsel

Konstruktionswerkzeug

Schere zum Verschieben von Objekten

Rolle zum flächigen Färben

Palette zum Farbenmischen

Fotos einfügen

Verschiedene Hintergründe

2. Schreiben

Wie?
Schreiben

Schreiben und zeichnen

Skizzieren

Überschriften

Kleine Schrift

Aquarellieren

Textcontainer

Ober- und Unterlänge
Klein- und Großbuchstaben

keine Schreibschrift

⇒ Druckbuchstaben

Buchstaben konstruieren

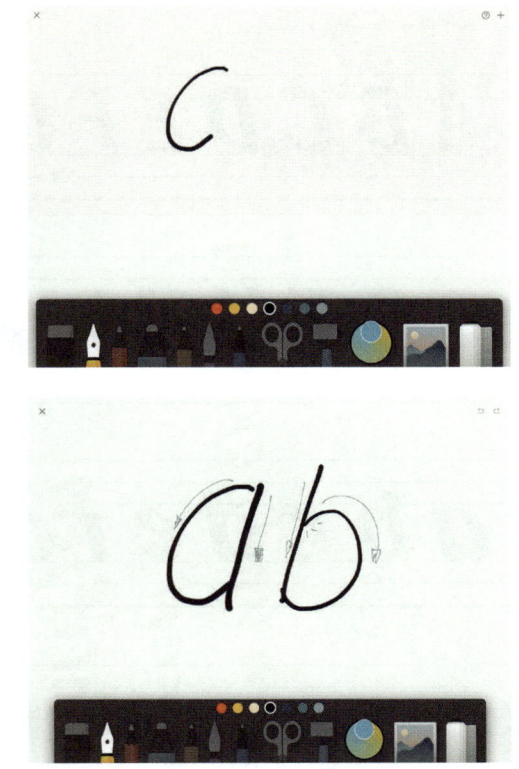

Eine gut lesbare Handschrift ist essenziell für ein gutes Gesamtbild. Glauben Sie mir! Jedes noch so gut gezeichnete Bild kann durch eine krakelige Schrift versaut werden. Darum ist es gut, am Anfang ein wenig zu üben. So werden Sie nicht nur vertraut mit den Werkzeugen, sondern es hilft Ihnen auch später, die Symbole mit einem lockeren schwungvollen Strich zu zeichnen. Schreiben auf dem Tablet ist etwas schwieriger als auf Papier. Der Trick ist, in den Bereich, in dem Sie schreiben möchten, groß hineinzuzoomen und die Buchstaben zu »konstruieren«.

Schreiben Sie am besten in Druckbuchstaben. Dazu setzen Sie den Stift immer wieder ab, um den nächsten Teil des Buchstabens zu schreiben. Die Rundungen der Buchstaben müssen schwungvoller als auf Papier geschrieben werden, da das Programm die Striche immer glättet, indem es Kurven verkleinert.

ABCDEFGHIJKLMNOPQ

RSTUVWXYZ

abcdefghijklm

nopqrstuvwxyz

1 2 3 4 5 6 7 8 9 10

Verschiedene
Stifte testen

kurze Texte
kleine Textgruppen

Text, Text, Text

Texte hervorheben

Text markieren

Text markieren

Überschriften

Schriftgröße

Sie können mit dem Bleistift-Werkzeug in einer hellen Farbe grob Hilfslinien zeichnen. Gerade wenn man in das Dokument hineinzoomt, verliert man sonst schnell die Orientierung, wie groß und wo man gerade schreibt. Testen Sie, mit welchen Werkzeugen Sie am besten schreiben können. Ich empfehle die Feder oder für kleine Textmengen den Fineliner.

Mit dem Feder-Werkzeug können Sie besonders schwungvoll schreiben.
Je schneller Sie einen Strich ziehen, umso dicker wird das Strichende. Finden Sie für sich die richtige Geschwindigkeit.

Den Hintergrund können Sie ganz schnell und einfach färben:
Suchen Sie sich eine Farbe aus der Farbpalette aus, halten Sie die Farbe gedrückt und schieben diese auf die Zeichenfläche. Loslassen – und fertig ist der farbige Hintergrund.

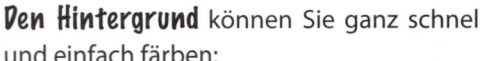

Noch ein paar Effekte gefällig?

Mit dem Fineliner und einer weißen Farbe können Sie mit etwas Abstand die Buchstaben nachzeichnen.

Noch mehr Kontrast?

Dann wählen Sie den Marker und eine dunkle Farbe aus. Zeichnen Sie neben der dünnen weißen Linie eine dickere dunkle Linie.

Der Marker und die richtige Stifthaltung

Wenn Sie mit dem Pencil von Paper arbeiten und ihn mit der App verbunden haben, können Sie den Stift im vollen Umfang nutzen. (Sie können auch beim Zeichnen die Hand aufs Tablet legen.)

Wenn Sie den Stift schräg halten, also mit der breiten Fläche schreiben, dann wird auch Ihr Strich fetter. Wenn Sie den Stift steil halten, wird der Strich schmaler. Da die meisten Apps es nicht mögen, wenn man die Handfläche auflegt, habe ich mir angewöhnt, meinen Handballen an der Kante des Tablets abzustützen und die Hand steiler zu halten. Es gibt auch Handschuhe, speziell fürs Arbeiten auf dem Tablet (Kosten: 5–7 €, gesehen bei Amazon).

Mit dem Werkzeug, das aussieht wie eine Malerrolle, können Sie flächige Formen zeichnen.

Das Konstruktionswerkzeug ist eine feine Sache: Wenn Sie es ausgewählt haben und einen Kreis, ein Dreieck, eine Linie oder, wie ich in diesem Beispiel, ein grobes Rechteck zeichnen, entsteht wie von Zauberhand eine schöne gerade geometrische Form. Sie können die Füllfarbe ändern, indem Sie die Rolle auswählen, eine gewünschte Farbe aussuchen und in das Objekt tippen. Um den Hintergrund zu färben, ziehen Sie eine Farbe aus der Farbpalette in das Dokument.

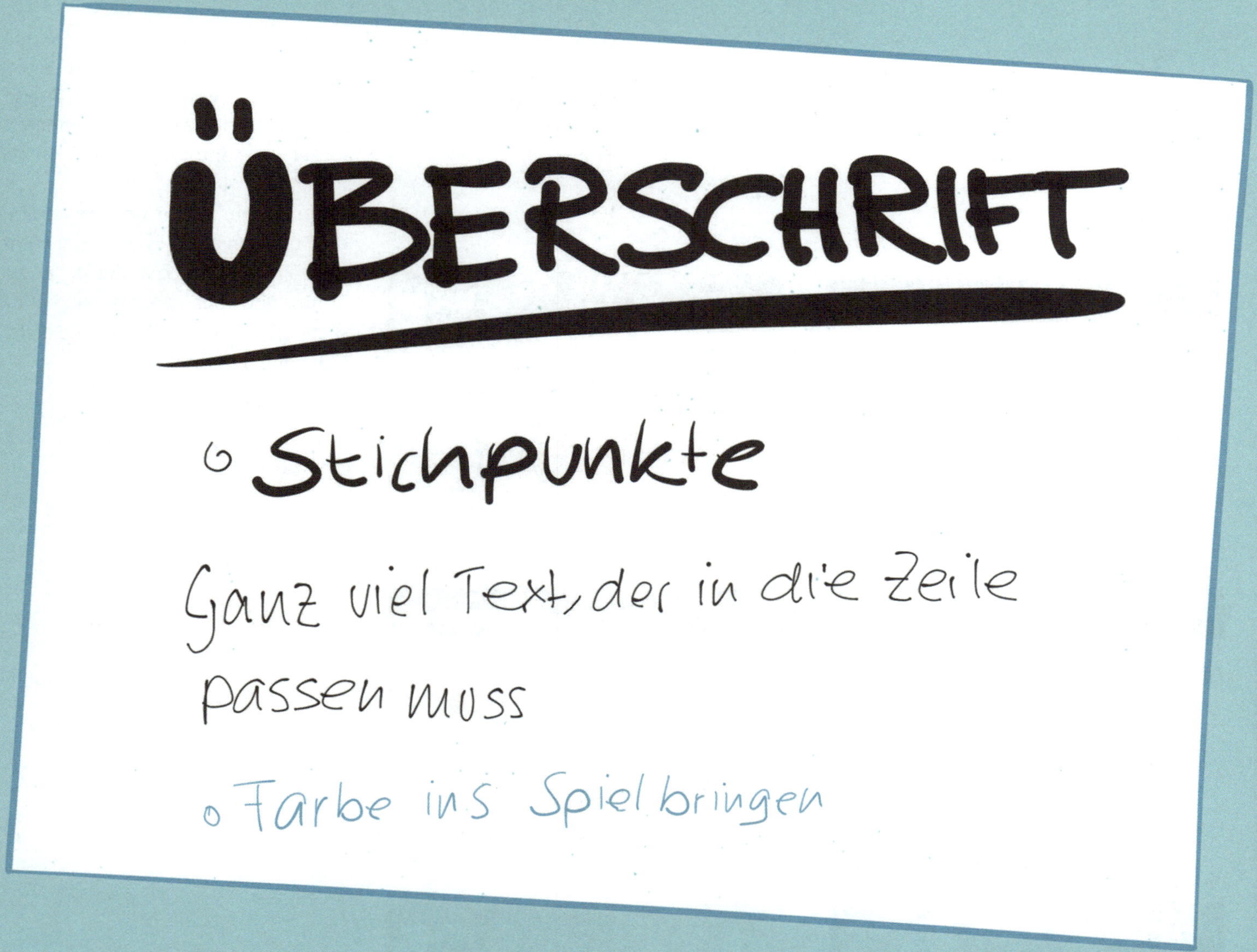

ÜBERSCHRIFT

o Stichpunkte

Ganz viel Text, der in die Zeile

passen muss

o Farbe ins Spiel bringen

Die Schreibwerkzeuge haben Sie nun getestet. Jetzt können wir verschiedene Kombinationen ausprobieren.

Mit dem Feder-Werkzeug können Sie nun locker die Konturen der Schrift nachzeichnen.

Dann fahren Sie mit dem Rollen-Werkzeug die Konturen nach. Es muss gar nicht so genau sein. Wenn noch weiße Stellen zwischen Kontur und Füllfläche bleiben, hat das auch seinen Reiz, denn so haben Sie gleich einen Glanzeffekt gezaubert.

Wenn Sie mit dem Ergebnis nicht zufrieden sind, können Sie mit der Rolle und der Farbauswahl Weiß eine großzügige Fläche ziehen. Schwups, ist die vorher gelb gefärbte Fläche weg.

Der Umgang mit der Rolle ist Ihnen zu schwierig? Sie müssen sich nicht quälen: Auch mit dem Marker können Sie Flächen einfärben. Das dauert zwar etwas länger, sieht aber auch gut aus.

Die Kontur bleibt, auch wenn man mit der weißen Rolle eine Fläche darüber zeichnet.

3. Zeichnen, so geht's

Wie?
Zeichnen

Männchen oder Strichmännchen, Männlein oder Weiblein? Es gibt schönere, seriösere und praktischere Möglichkeiten, ein Männchen zu zeichnen, als die Ihnen vielleicht bisher bekannten Strichmännchen. Die »Schulzemännchen« zum Beispiel. Ich habe Ihnen eine Art Männchen entwickelt, mit denen Sie alles machen können: Männchen, Weibchen, Zeigemännchen, Präsentationsmännchen, schüchterene Männchen und selbstbewusste Männchen.

Auf den folgenden Seiten sehen Sie Schritt-für-Schritt-Anleitungen, die auf einer Grundform basieren. Das heißt für Sie: Können Sie einen, können Sie alle!

Die ersten Männchen gelingen leichter, wenn Sie sich die Proportionen mit dem Bleistift vorzeichnen.

Männchen am laufenden Band

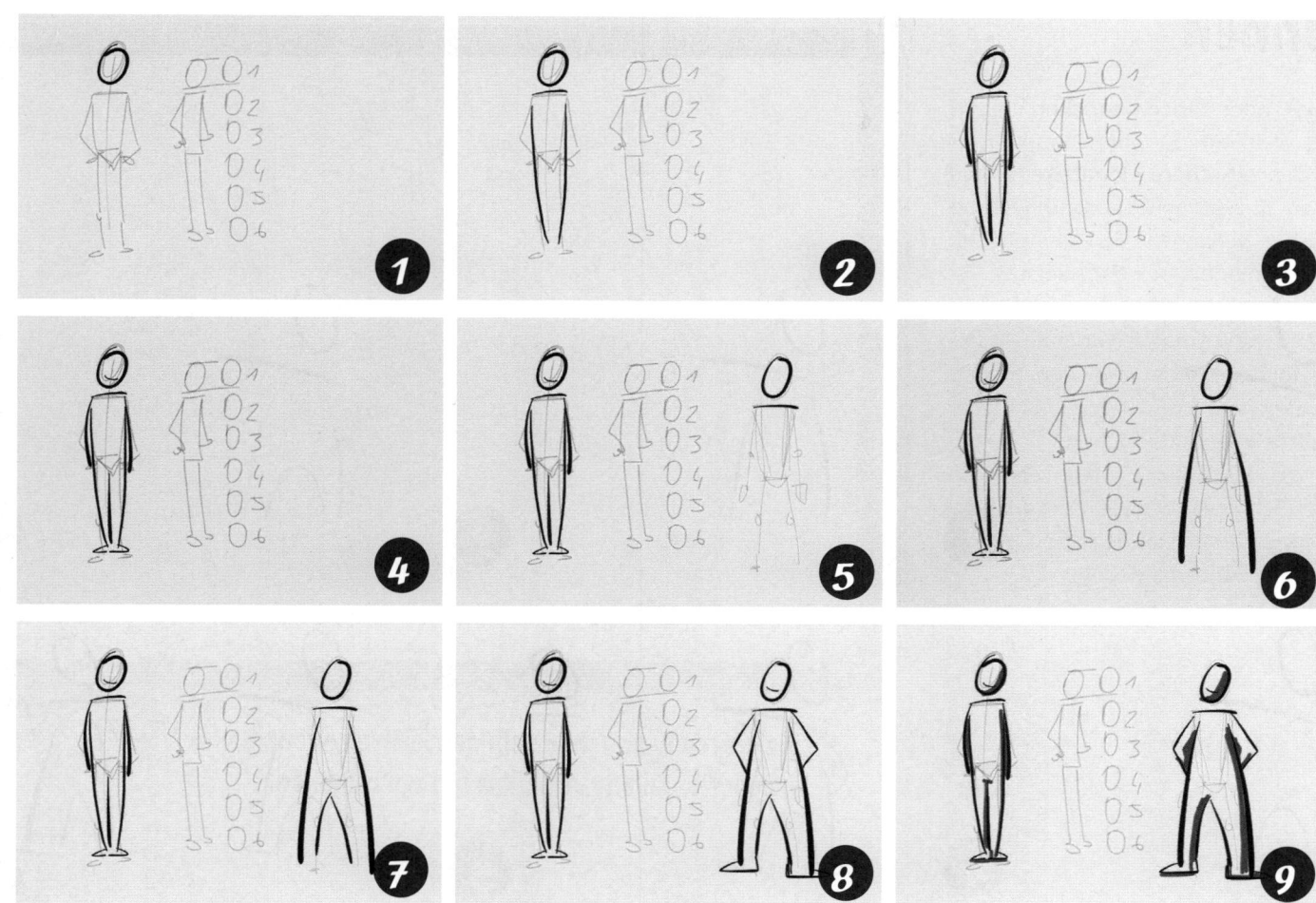

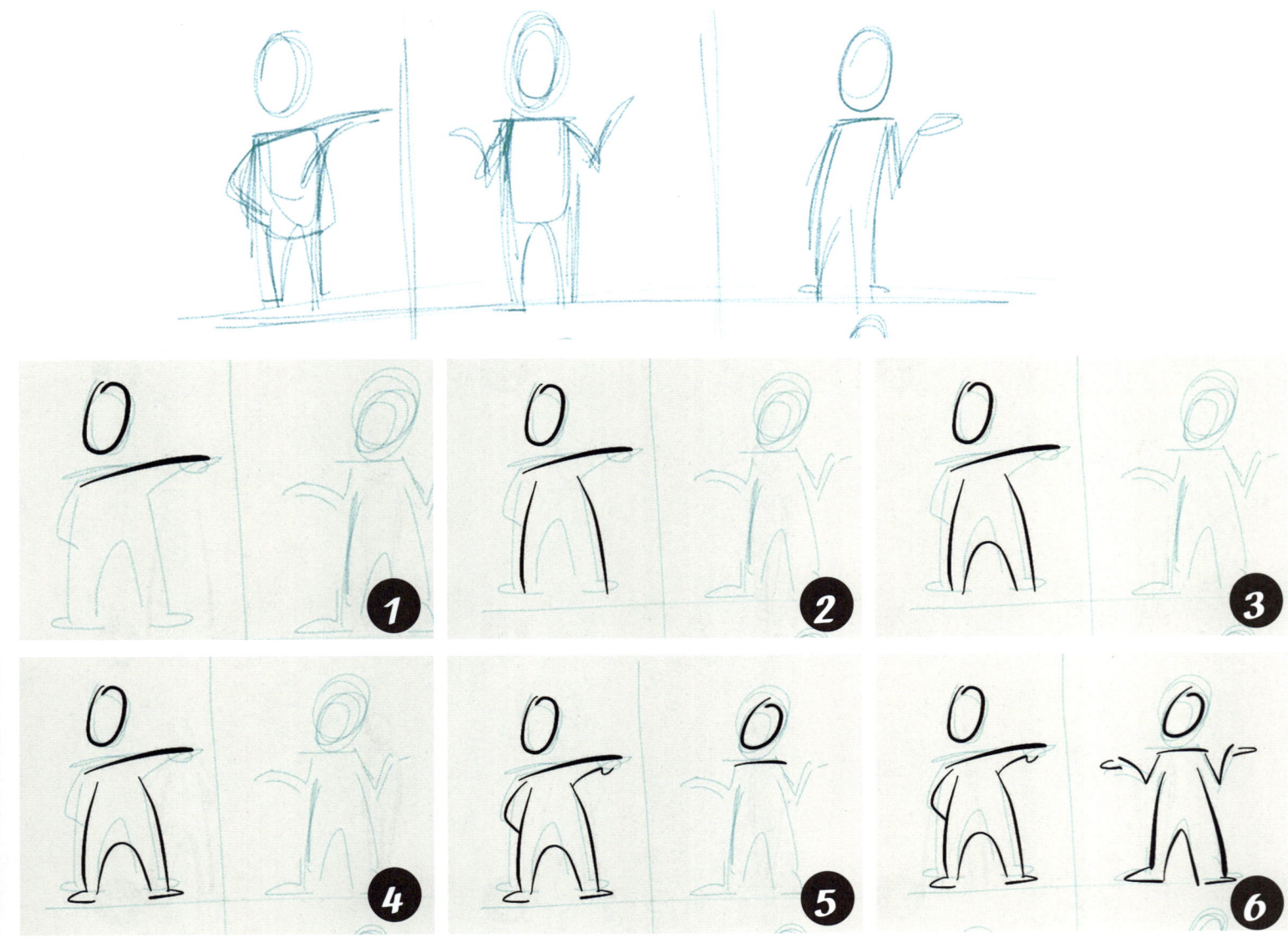

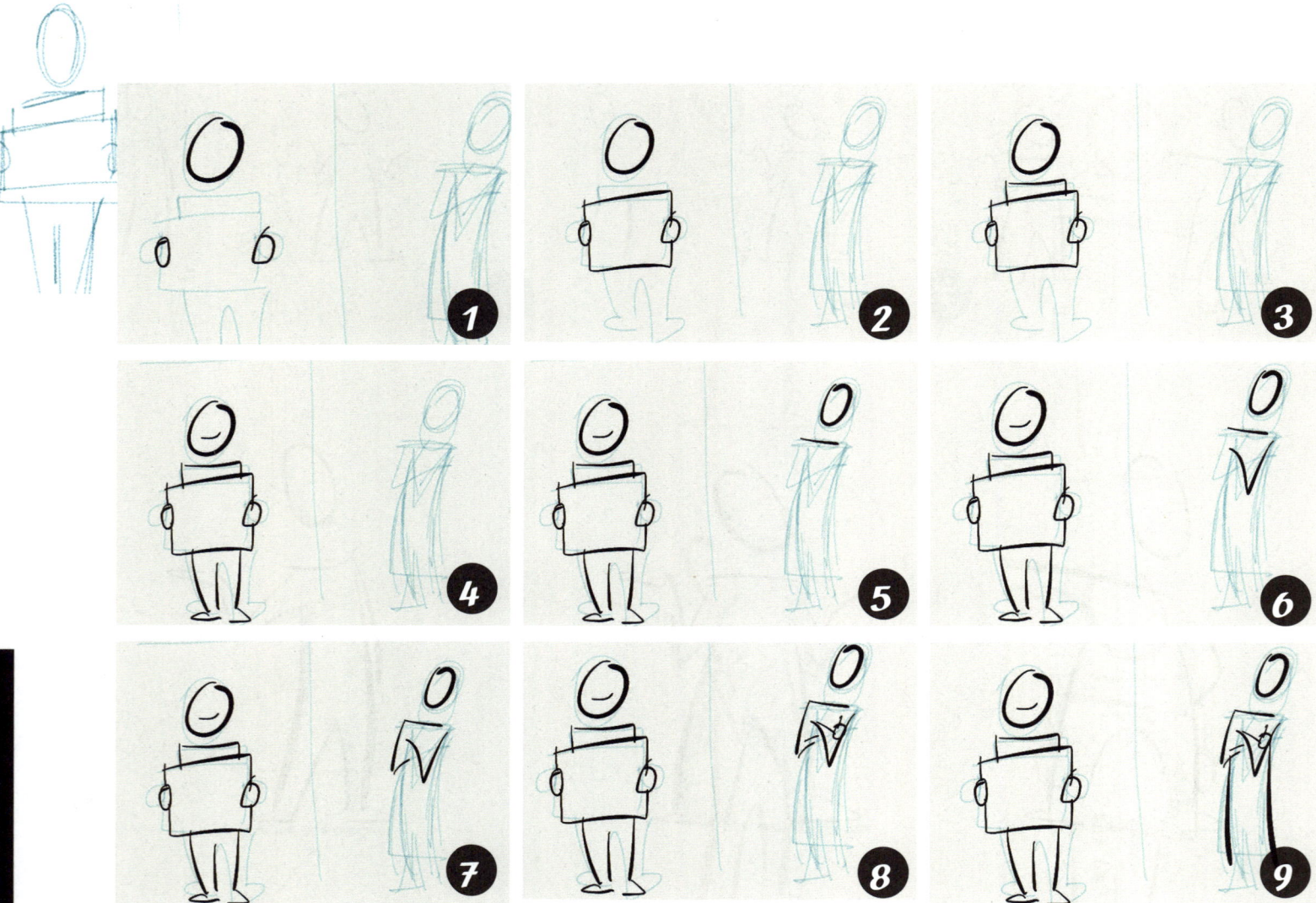

10

11

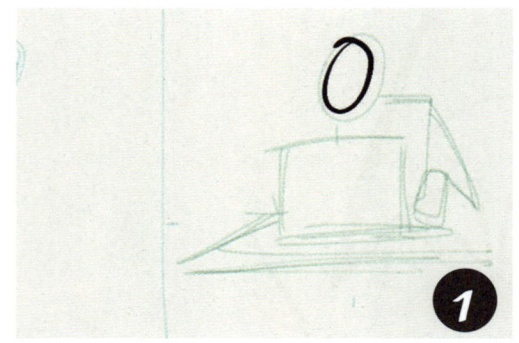

Diese Männchen entstanden immer mit der gleichen Strichfolge und Technik. Wenn Sie jetzt den Bogen raus haben, können Sie die Männchen in allen Positionen zeichnen. Das sieht doch schon viel besser aus, als die Strichmännchen aus Kindertagen, oder?

Wenn Ihnen die Männchen nicht genug sind, Sie lieber Charaktere entwickeln möchten, Männlein und Weiblein zeichnen wollen, dann schauen Sie mal in das Kapitel »Comic und Storyboard« Dort finden Sie noch mehr Anregungen und Tipps für bewegte und individuelle Figuren.

Textcontainer

Ob als eigenständiges Symbol, oder in Kombination mit Männchen, Textcontainer helfen Text emotional zu betonen und zu verdeutlichen – und das mit wenigen Strichen.

Da der Rahmen immer kleiner ist als der Text, den man hineinschreiben möchte, sollten Sie immer erst den Text schreiben, dann den Textcontainer zeichnen!

Diese Sprechblasen sind inspiriert von den »BIKABLO®«-Büchern der Kommunikationslotsen, Martin Haussmann.

Textcontainer in Kombination

Durch geschicktes Kombinieren vervielfältigt sich Ihre eigene Symbolbibliothek ins Unendliche. Bedenken Sie jedoch beim Kombinieren: den Vordergrund immer zuerst zeichnen, dann den Text, dann den Container.

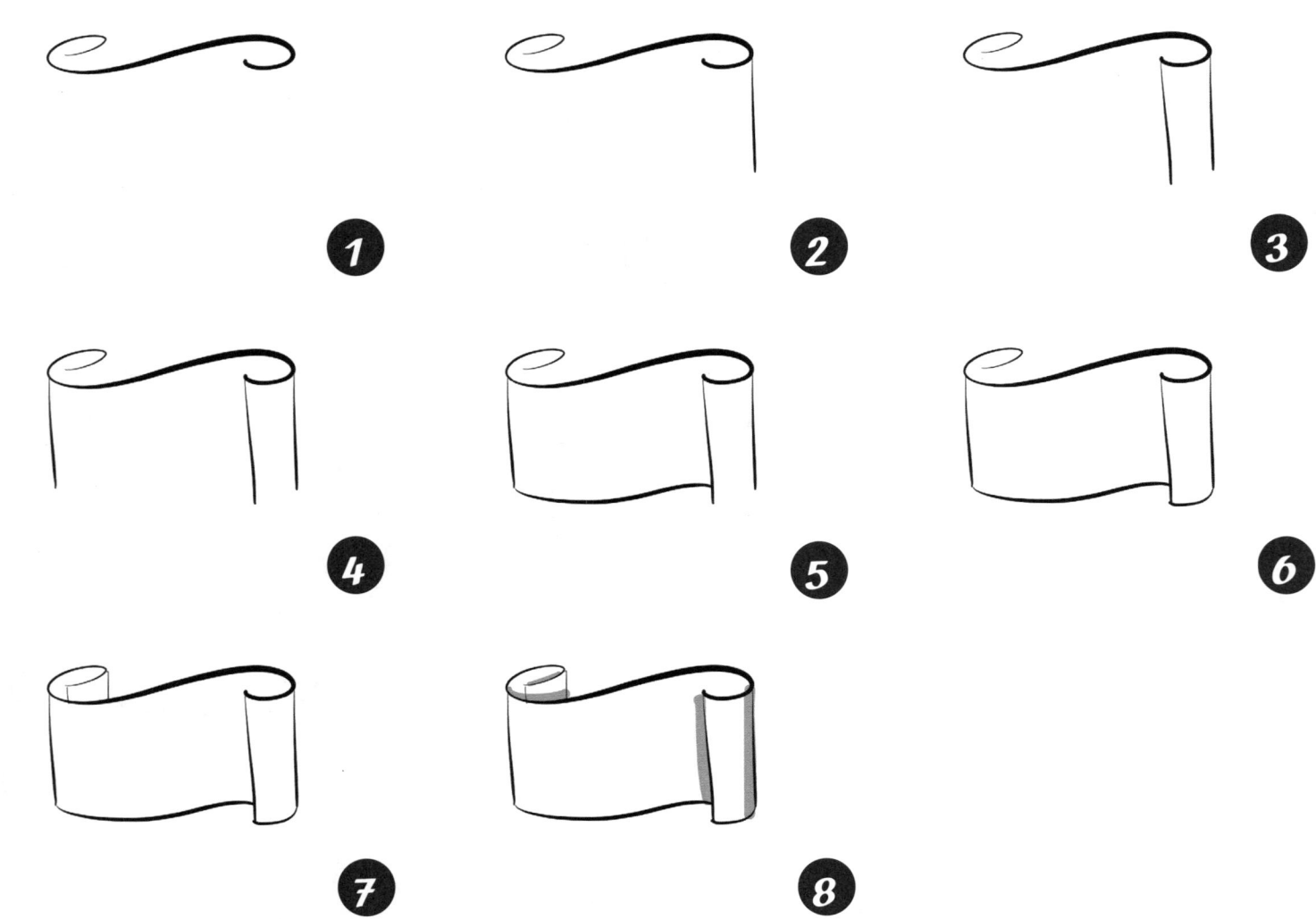

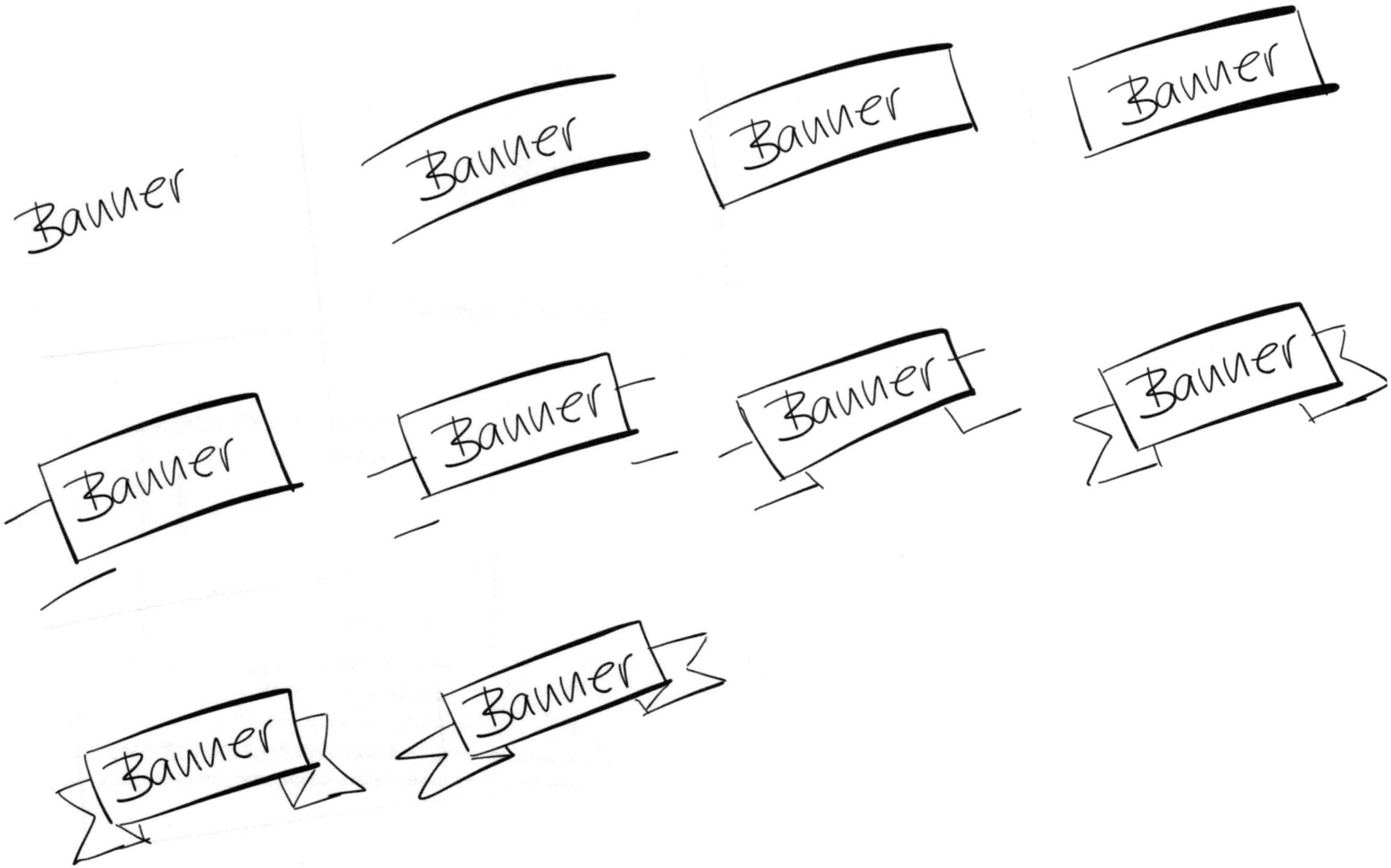

Banner

Banner

Banner

Banner

Banner

Banner

Banner

Banner

Banner

Banner

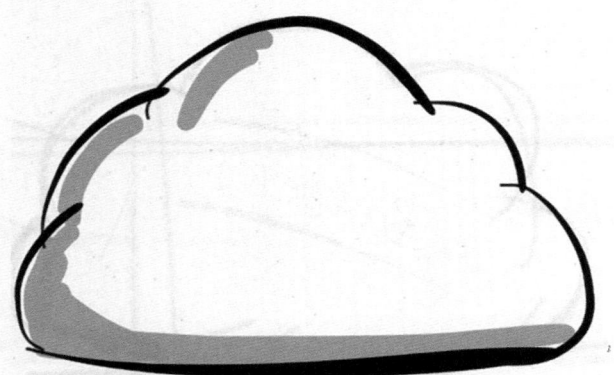

Symbole

Gedankenblase und die »Daten-Cloud« (oder überhaupt Wolken) sind nicht gleich. Eine Wolke ist nicht ganz rund, sondern hat eine gerade Unterseite. Schauen Sie mal aus dem Fenster Richtung Horizont. Sehen Sie eine Wolke? Wie sieht sie aus?

Und über Ihnen, ist da auch eine Wolke? Ja? Eine runde Wolke? Das ist eine Gedankenblase.

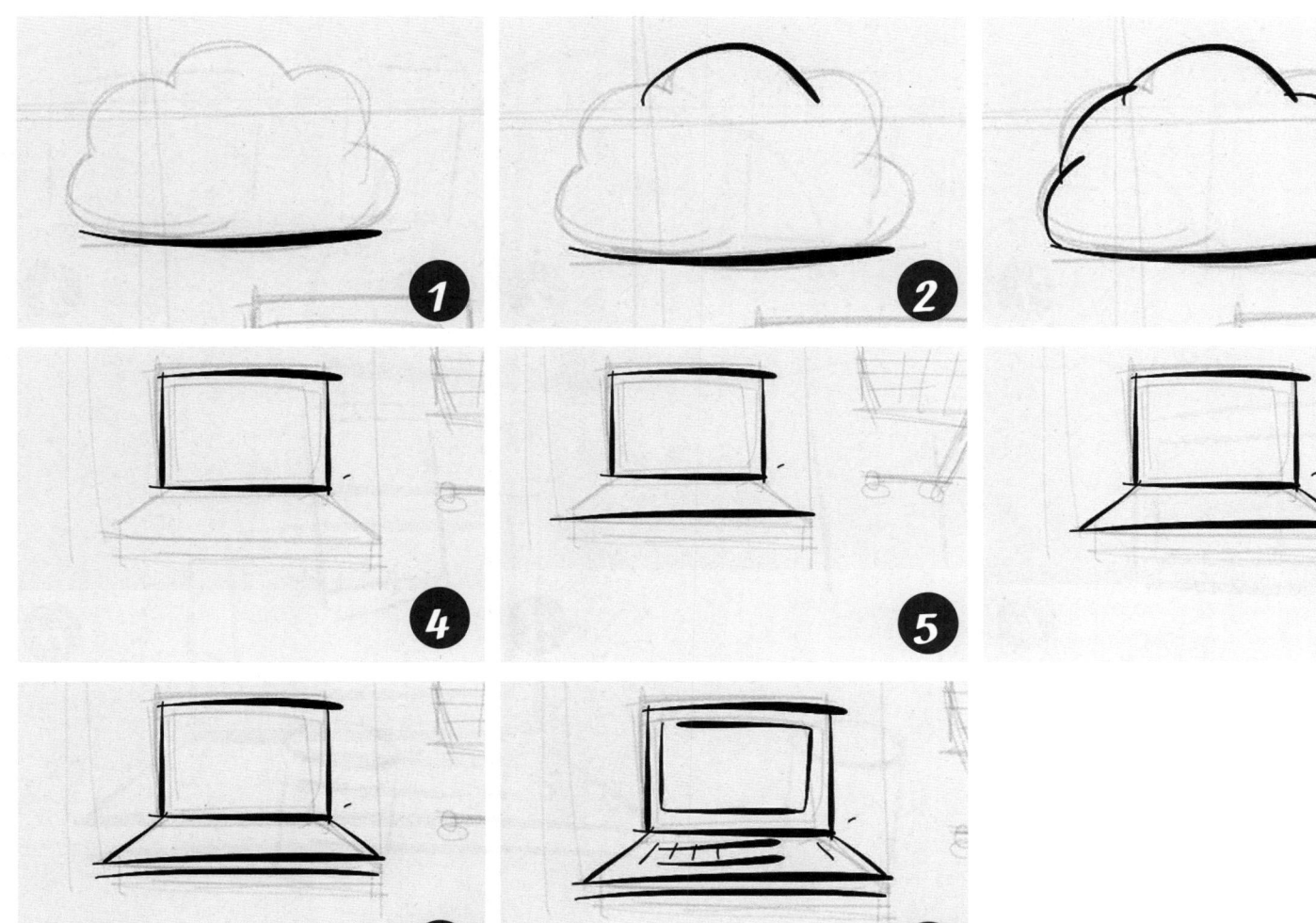

10

Was brauchen Sie persönlich an Symbolen, um Ihre »Geschichte« zu erzählen? Was umgibt Sie an Themen, welche Symbole begegnen Ihnen im Alltag? Schauen Sie sich um, lassen Sie sich inspirieren.

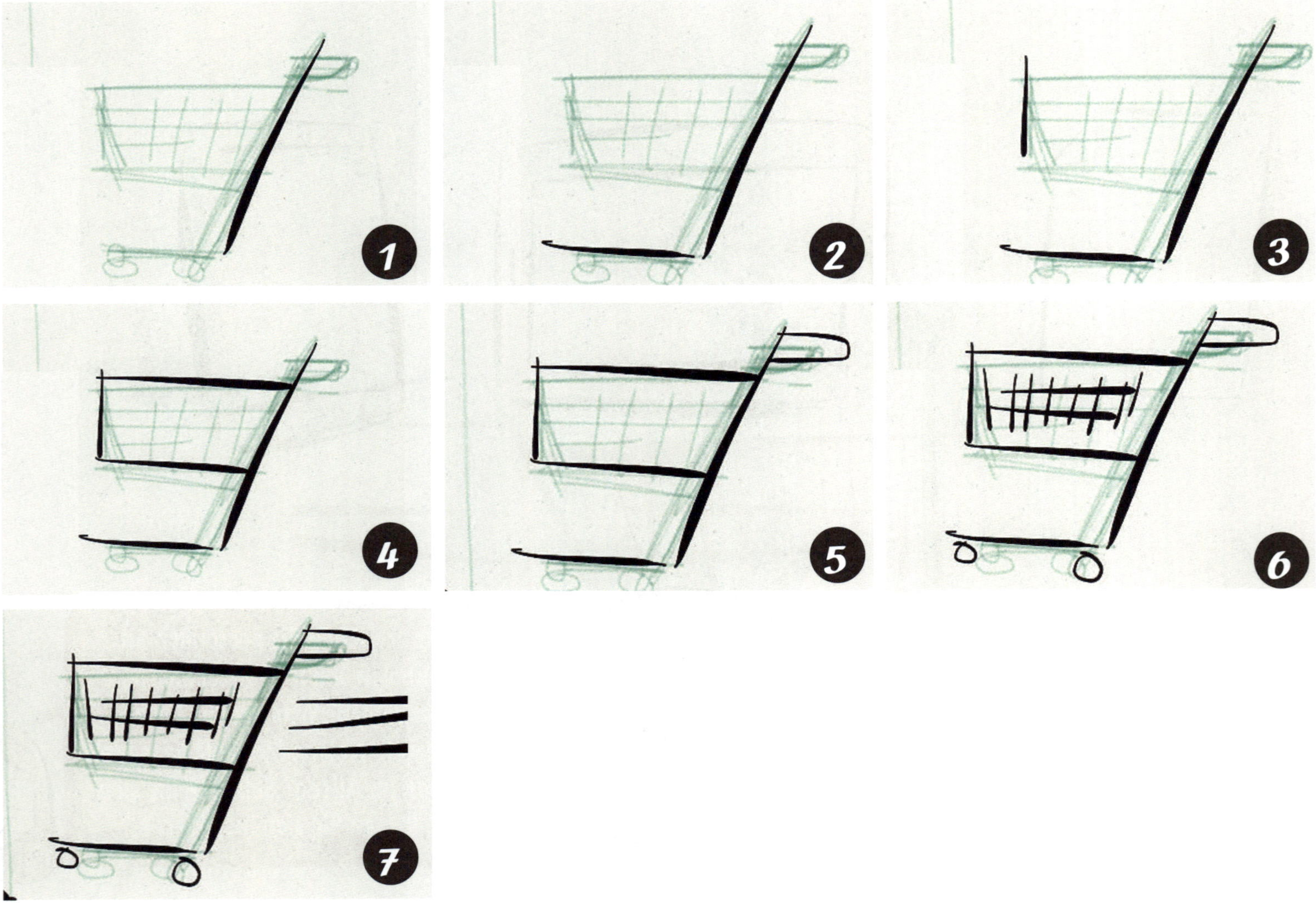

8

Eine Bildbibliothek zusammenstellen

Um kommunizieren zu können, braucht es eine Sprache, für visuelle Kommunikation eine Bildsprache. Wobei Sie sich nicht gleich für den nächsten Kunstkurs anmelden müssen. Für die Bildsprache genügen einfache Symbole.

Welche Symbole Sie brauchen, das wissen Sie wahrscheinlich selbst am besten. Welche Begriffe tauchen in Ihrerm Unternehmen, in Ihrer Branche, in Kundengesprächen am häufigsten auf? Gibt es vielleicht schon Icons, oder Fotos zu bestimmten Themen? Dann haben Sie Glück. Diese Bilder können Sie für Ihre visuelle Kommunikation sehr gut nutzen, weil Ihre Kollegen und Kunden die Bilder schon kennen.

Probieren Sie mal, ob Sie diese Icons, oder Fotos vereinfacht zeichnen können. Sammeln Sie Symbole aus Ihrem Alltag und Ihrer Umgebung, üben Sie diese Symbole zehnmal und Sie beherrschen sie.

In meinen Visualisierungsworkshops werde ich öfter gefragt, welches Symbol man für Kunden, für das Internet of Things, für Einsparungen oder für Schnelligkeit zeichnen kann. Auf den folgenden Seiten finden Sie ein paar Inspirationen, die Ihnen vielleicht helfen, Ihre eigene Bildbibliothek aufzubauen. Ach ja, diese Symbole habe ich mit Paper auf dem iPad Pro gezeichnet.

Sie suchen ein Symbol zu einem bestimmten Begriff?
Unter www.sandraschulze.com/helferlein können Sie Begriffe eingeben und sich ein Symbol vorschlagen lassen.

Inspirationen zum Üben:

Einsparung

Effizient

gute Beziehung

gut gemacht

nicht gut gemacht

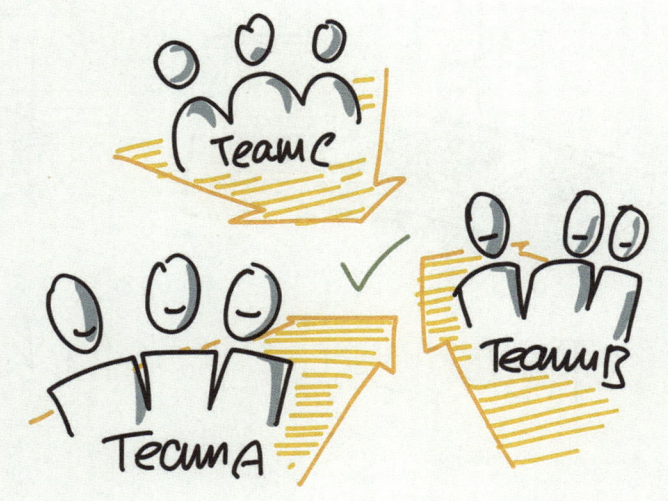

In Memory

Partner

Rechnung

Profit

Markt

global

Produktions-
prozess

Workshop

Jobs

Marketing

IoT

einfach / klar

kompliziert

Konkurrenz

Handel / Trade

Euro-
palette

Qualität

Schnelligkeit

Einfach

Kompetenz

$1+1=2$

Projekt

Nachvollziehbarkeit

Partner-
Schaft

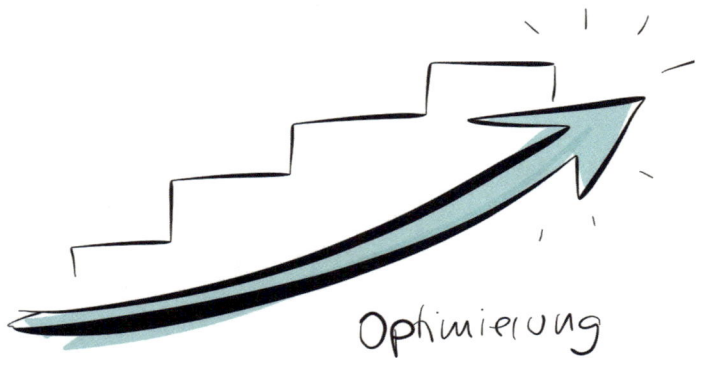

Optimierung

Marktbegleiter

10 min

SERVICE

Verlässlichkeit

Bank

Versicherung

Torte

Pharma

Food

vorher   nachher   Verbesserung

Zukunft

Ausblick

Puh, das sind ganz schön viele Symbole! Aber keine Sorge, Sie müssen nicht alle zeichnen können. In Ihrem Alltag kommen Sie mit circa zehn Symbolen gut zurecht. Durch geschickte Kombination von Ihren zehn Symbolen, plus Satzzeichen, Linien und Pfeilen, haben Sie alles, was Sie brauchen. Also, überlegen Sie, welche zehn Symbole unbedingt in Ihre Bildbibliothek gehören, und üben Sie diese.

10 Symbole

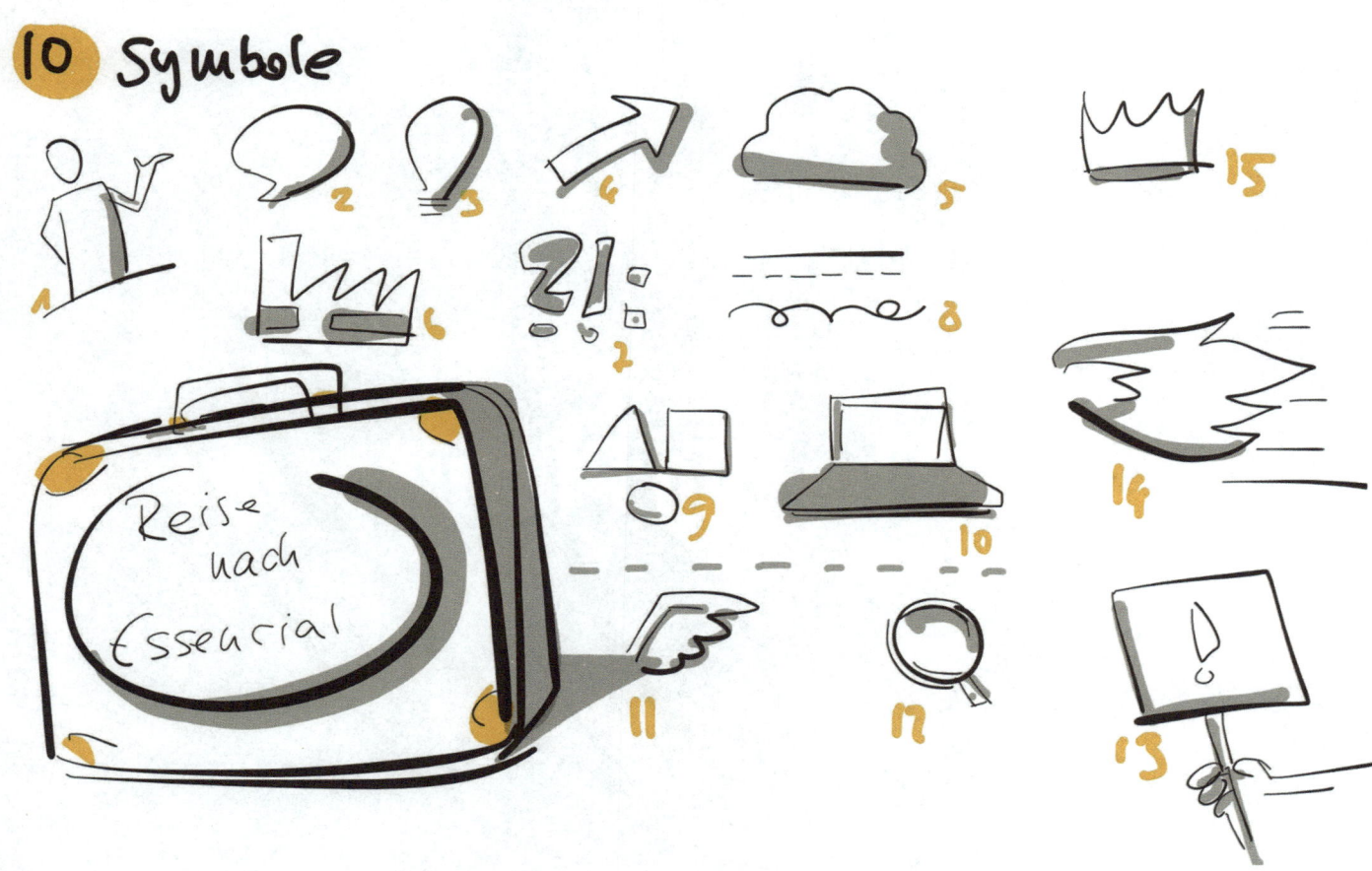

4. The Big Picture

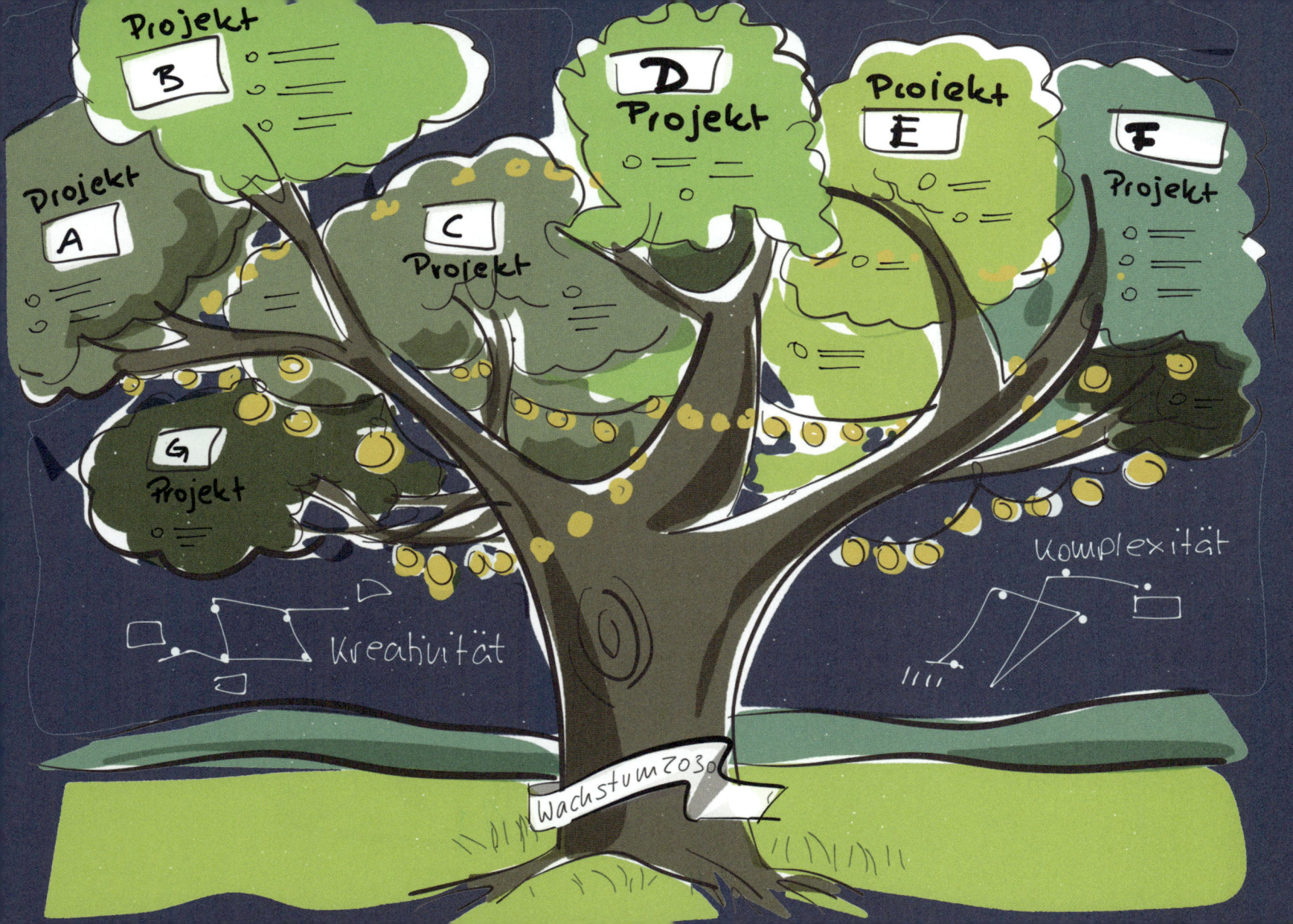

Vom Wort zum Bild

Sie haben nun schon einige Symbole in Ihrer Bildbibliothek. Großartig! Üben wir noch ein wenig, wie Sie Texte und Aussagen in eine Bildsprache übersetzen. Dazu schalten wir zu unserem verbalen Modus noch den visuellen Modus im Gehirn dazu. Am Anfang ist es etwas ungewohnt, aber schon nach kurzer Zeit ist es, als hätten Sie eine Fremdsprache gelernt und Sie übersetzen sofort jedes Wort in ein Bild. Eine kleiner Test: Was sehen Sie vor Ihrem inneren Auge, wenn Sie das Wort »Datenklau« hören?

Um Text in Bilder zu verwandeln, gibt es mehrere Möglichkeiten: als Kombination aus zwei Symbolen, als Diagramm, als Mini-Story (oder Ablauf) oder ein Symbol plus Wort. Was ist das Richtige? Das hängt immer von der Situation ab. Meistens ist es die naheliegendste Bildidee.

Symbol Kombination

Diagramm

1 Symbol

Mini-Story

Zugegeben, ...

... es ist anstrengender, visuell zu arbeiten statt nur verbal. Man braucht beide Gehirnhälften dazu. Aber die Belohnung ist es wert! Sie und Ihre Zuhörer werden sich den Inhalt viel, viel länger merken können, als wenn Sie einfach nur Text und Charts präsentieren.

Wie übersetzt man Text in Bildsprache? Metaphern können helfen, passen aber nicht immer. Manchmal liegt die Lösung auch näher. Schauen wir uns folgende Übung einmal genauer an:

»Unternehemen A hat den geringsten Anteil in der Metallbranche«. Um diesen Satz in Bilder zu übersetzen, überlegen wir: Was ist das Wichtigste in diesem Satz?

Wir erfinden nichts dazu (z. B. weitere Unternehmen). »Anteil«, »Unternehmen« und »Metallbranche« sind die Hauptworte. Wie würden Sie diese Worte darstellen? Welcher Gedanke kommt Ihnen als Erstes? Was davon trifft am besten die Aussage? Kann man Symbole kombinieren? Ein Kuchendiagramm für »Anteil«, kombiniert mit etwas Metallischem, einem Zahnrad, oder einer Mutter. Eine Fabrik als Symbol für »Unternehmen«, fertig.

Bei den anderen Aussagen ist es ähnlich. Es gibt wieder drei Hauptelemente, die in Symbole übersetzt werden. Was liegt am nächsten an der Aussage? Was kennen Sie aus dem Alltag? Es soll ja kein Rätsel für Ihre Betrachter werden. Und was können Sie in kürzester Zeit zeichnen?

Unternehmen A hat den geringsten Anteil in der Metallbranche.

Das Projekt wird in 7 Phasen umgesetzt.

Aus unserer Sicht steht der Kunde an 4. Stelle

Die beiden Arbeitsgruppen bewegen sich in unterschiedliche Richtungen.

Eins nach dem anderen

Was soll man nun zuerst machen? Wie verliert man sich nicht in Details? Wie kann man denn die Inhalte so schnell visuell umsetzen? Wie setzt man eine Idee strukturiert um?

Dazu hat die fantastische Brandy Agerbeck in ihrem Buch »Der Wegweiser für den Graphic Facilitator« ein paar Tipps gegeben, die ich für Sie grafisch zusammengefasst habe.

Wenn Sie diese Reihenfolge beachten, kommen Sie nicht durcheinander, verlieren sich nicht in Details und erstellen so eine logisch nachvollziehbare Zusammenfassung.

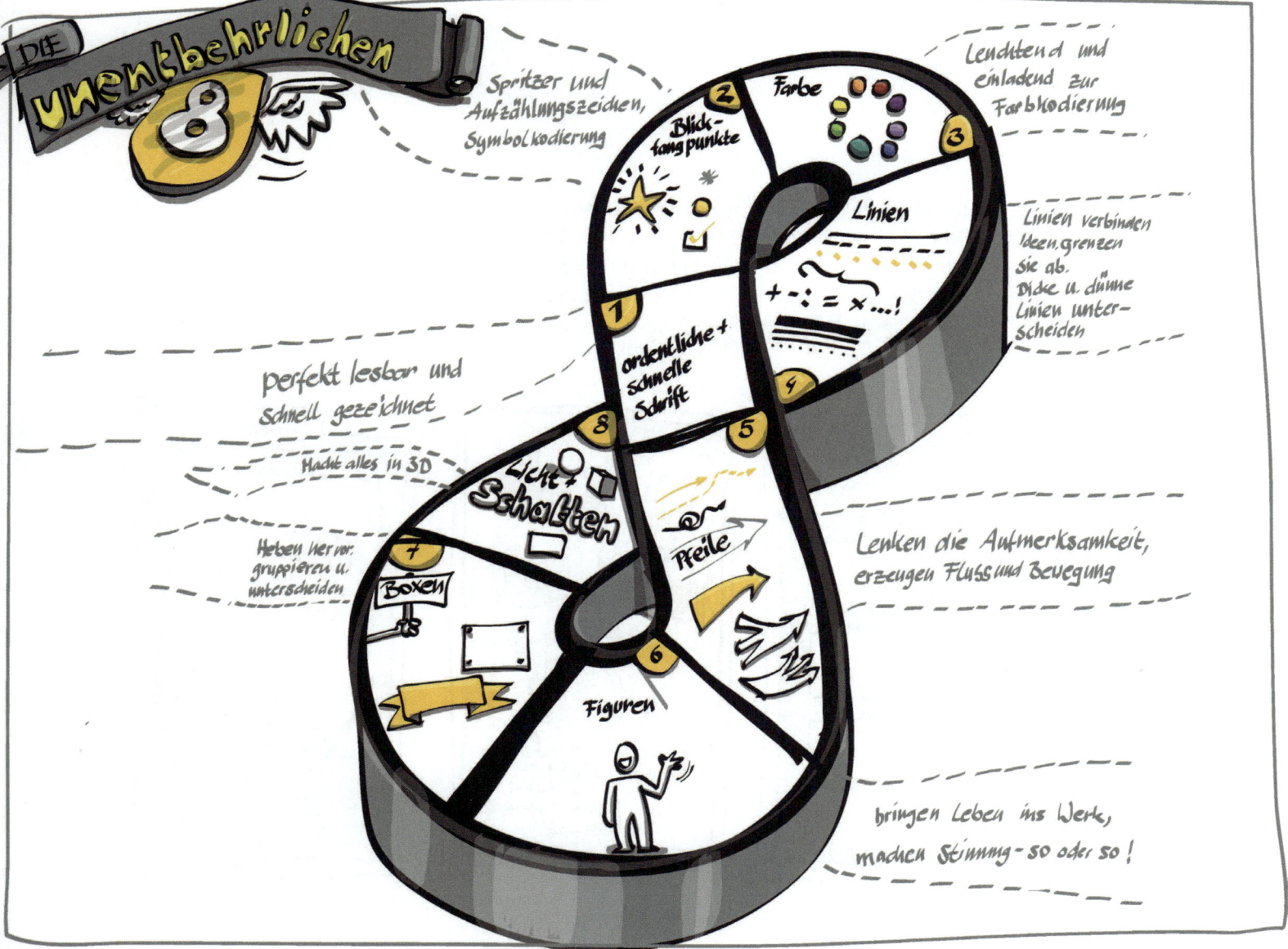

DIE unentbehrlichen 8

Spritzer und Aufzählungszeichen, Symbolkodierung

Leuchtend und einladend zur Farbkodierung

Blickfang punkte

Farbe

Linien

Linien verbinden Ideen, grenzen sie ab. Dicke u. dünne Linien unterscheiden

ordentliche + schnelle Schrift

Perfekt lesbar und schnell gezeichnet

Macht alles in 3D

Licht + Schatten

Pfeile

Lenken die Aufmerksamkeit, erzeugen Fluss und Bewegung

Heben hervor. gruppieren u. unterscheiden

Boxen

Figuren

bringen Leben ins Werk, machen Stimmung - so oder so!

Weniger ist mehr

Ja, den Spruch kennen Sie schon. Aber trotzdem schreibe ich es noch einmal auf. Manchmal ist es gar nicht notwendig, die ganze Zeichenfläche mit kleinteiligen Dingen vollzupflastern.

Ein Statement mit einer Sprechblase für ein Zitat und einem Männchen kann auch schon alles sagen. Prozessschritte lassen sich durch Treppen darstellen. Ein Ideenfilter kann auch durch einen guten alten »Melitta-Kaffeefilter« dargestellt werden.

Sie haben vor, eine Zusammenfassung oder nächste Schritte zu visualisieren? Eine Roadmap im bildlichen Sinne ist eine passende Möglichkeit. Auf dem Weg können Sie Hürden und Meilensteine darstellen. Am Horizont die Vision oder das sprichwörtliche Ziel vor Augen.

Achten Sie hierbei darauf, in welche Richtung der Weg verläuft: In Leserichtung bedeutet er immer Zukunft, entgegen der Leserichtung dagegen Vergangenheit.

Eine Skizze vorab

Wenn Sie vorhaben, ein Gesamtbild, ein »Big Picture«, »das große Ganze«, oder auch nur einen Ablauf darzustellen, ist es sinnvoll, wenn Sie sich vorher eine kleine Skizze machen. Wie viele Hauptelemente haben Sie? Dementsprechend teilen Sie sich Ihre Zeichenfläche ein. Auf den folgenden Seite habe ich ein paar Beispiele für unterschiedliche Situationen zusammengestellt, die Ihnen bei Ihrer visuellen Zusammenfassung in Meetings und Workshops helfen können.

Komposition

Das ist ein Bsp. für eine modulare Komposition

Wie in einem **Comic** Felder

Die Felder können vorher mit Bleistift gezeichnet werden...

... oder beim Hintereinander-weg-zeichnen

Aller guten Dinge sind drei!

Ein Klassiker beim Präsentieren oder bei Vorträgen ist der Einleitungs-satz: »Anhand von drei Beispielen möchte ich Ihnen erklären …« In diesem Fall liegt eine Blatteinteilung in drei Spalten nahe. Lassen Sie oben und unten noch ein wenig Platz für eine Einleitung und eine schön gestaltete Überschrift. Die Überschrift, die Einteilung und den Hintergrund können Sie vorbereiten und dann bei der Präsentation oder dem Gespräch live Schritt für Schritt zeichnen.

John Hodgemen
erklärt

Kult-Design

Jet-Zeitalter

Wurde von Ausserirdischen als Flughafen gebaut

Theme Gebäude

Monument-Design

beobachtet Dich beim Schlafen

von Philipp Stark

Zitruspresse

Nutzerfreundliches Design

Gesichter/ne Odysen messen

Zapf! Dein Gehirn an

IPhone

Prozesse und Abläufe

Prozesse und Abläufe lassen sich gut mit einem Weg darstellen. So wird das Auge beim Betrachten geführt. Auch hier können Sie sich vorher das Blatt einteilen, wenn Sie wissen, wie viele Hauptelemente oder Schritte Sie beschreiben möchten.

Bleiben Sie bei einer symbolhaften Darstellung. Halten Sie sich nicht auf mit komplizierten und fein ausgearbeiteten Zeichnungen. Das stresst Sie und die Zuhörer verlieren die Geduld, wenn sie Ih-

nen zuschauen, während Sie immer wieder neu anfangen, weil Sie unbedingt eine perfekte Zeichnung umsetzen möchten. Zur Erläuterung genügt ein einfaches, nicht 100%ig perfektes Symbol. Wenn Sie anhand einer Zeichnung etwas Komplexes erklären möchten, macht es für die Betrachter keinen Unterschied, ob Sie ein perfektes Auto zeichnen oder ein einfaches Symbol. Sie verstehen auch so, was Sie erklären.

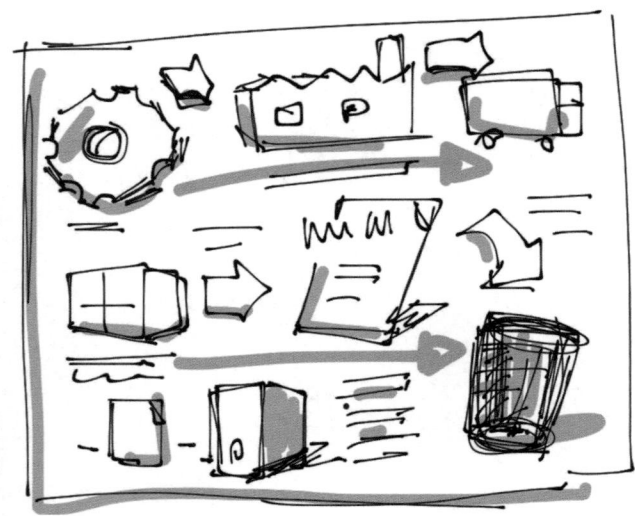

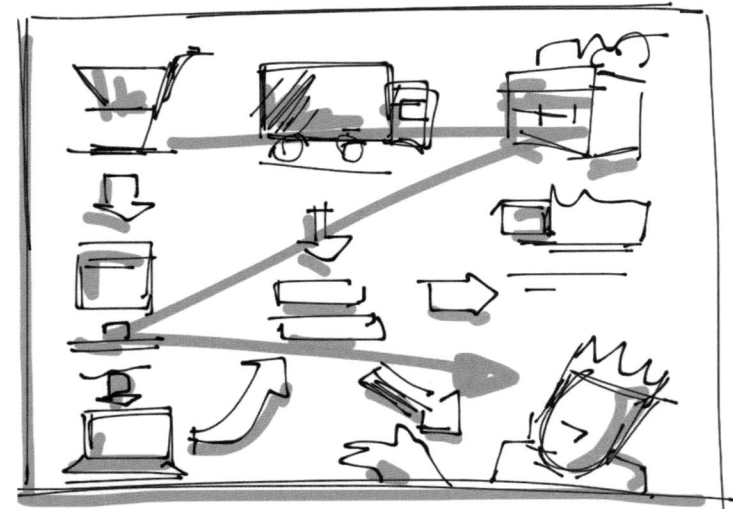

= 6er - für Geschichten -

→ 4 Textblöcke + Bild -

_ 9er - Übersicht _

- 2-3er - Vergleich -

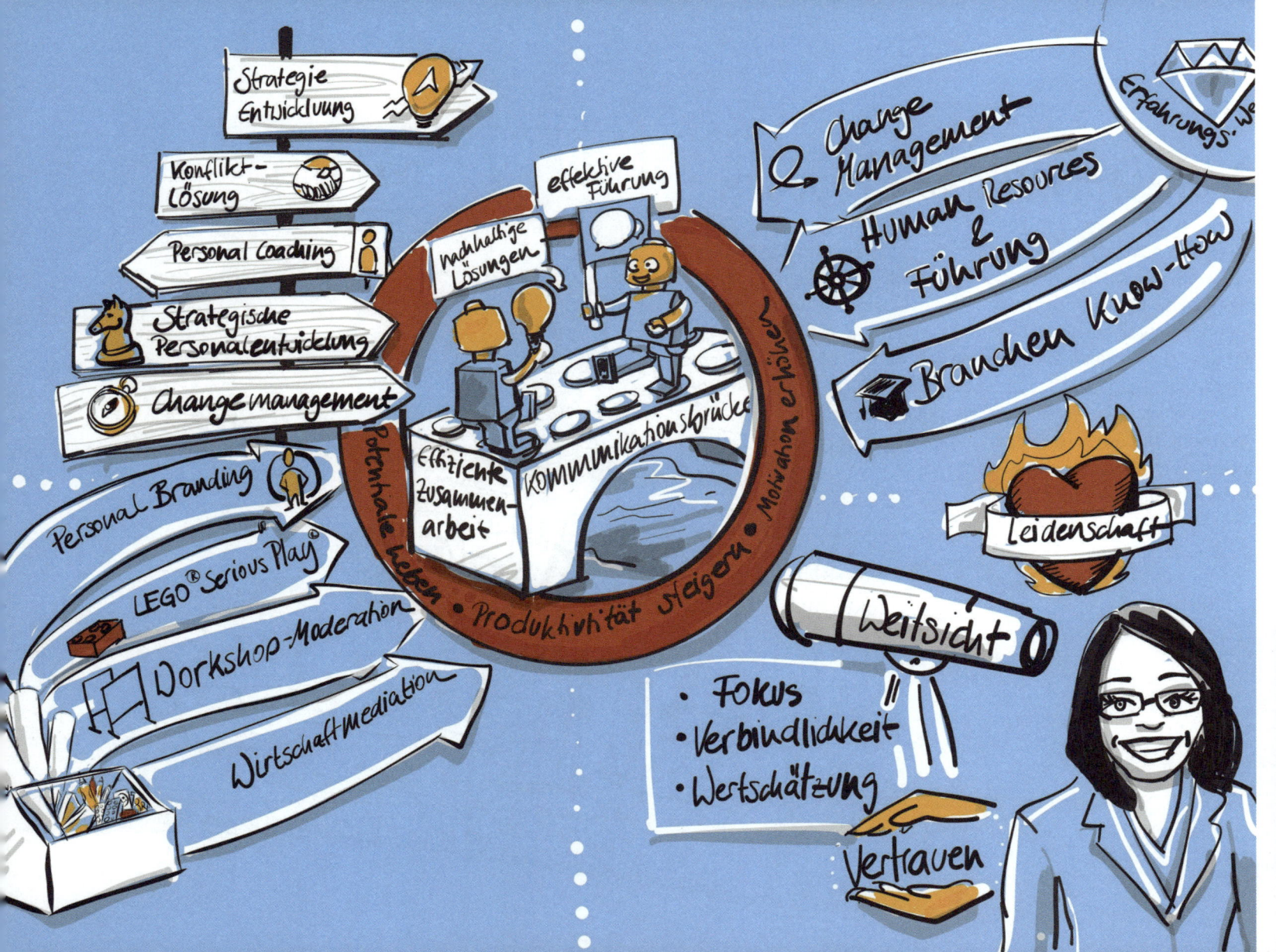

Brainstorming mit Popcorn

Sie wissen nicht, wie viele Elemente Sie zeichnen und erklären wollen? Vielleicht sammeln Sie auch noch Ideen in einem Brainstorming. Dann ist die Popcorn-Variante das Beste. Schreiben Sie das Thema liebevoll ausgearbeitet in die Mitte und sammeln Sie rund um das Thema die Ideen. Sammeln Sie nur die Schlagworte, keine ganzen Sätze. Ergänzen Sie diese mit Symbolen.
Im Anschluss können Sie noch ein paar Verschönerungen vornehmen: Schatten setzen, Farbe ergänzen und wenn nötig Verbindungen zeichnen. Fertig.

Prozesse bildlich darstellen

Eine sympathische Alternative zu Organigrammen sind gezeichnete Prozesssbilder. Dazu sammele ich erst einmal die Elemente (oder Symbole), ordne sie in der richtigen Reihenfolge an und verbinde sie mit einem Pfeil.

Für einen linearen Prozess eignet sich auch das Wegmodell, da man hier die Meilensteine, Hürden und Ziele auf dem Weg platzieren kann. Neben dem Weg kann man alles zu der Etappe sortieren, was noch ergänzend wichtig ist.

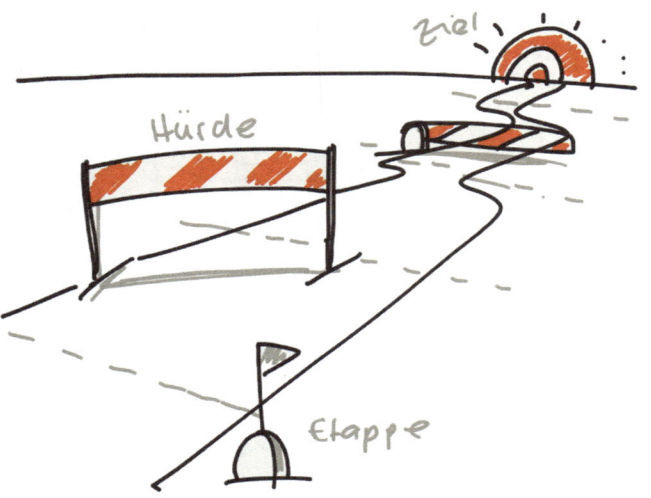

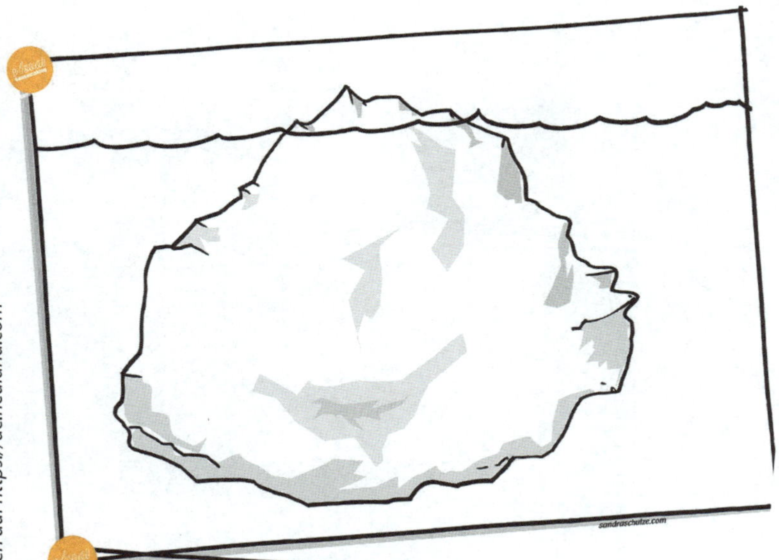

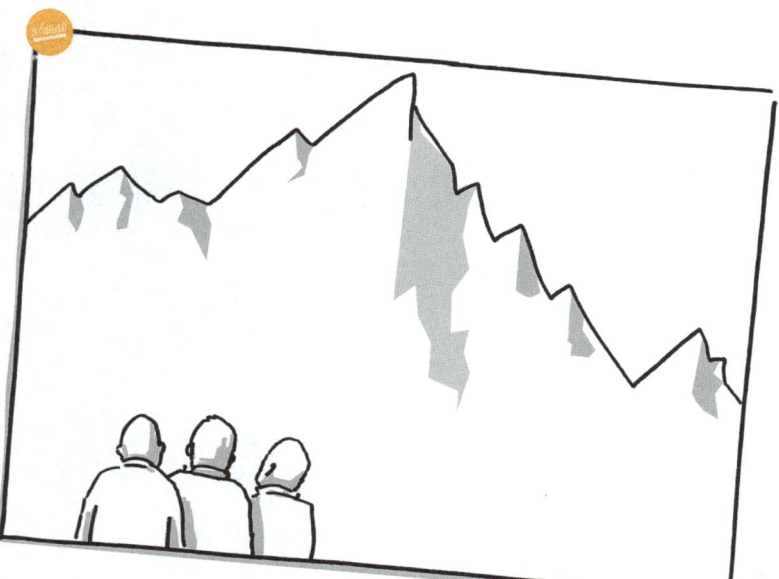

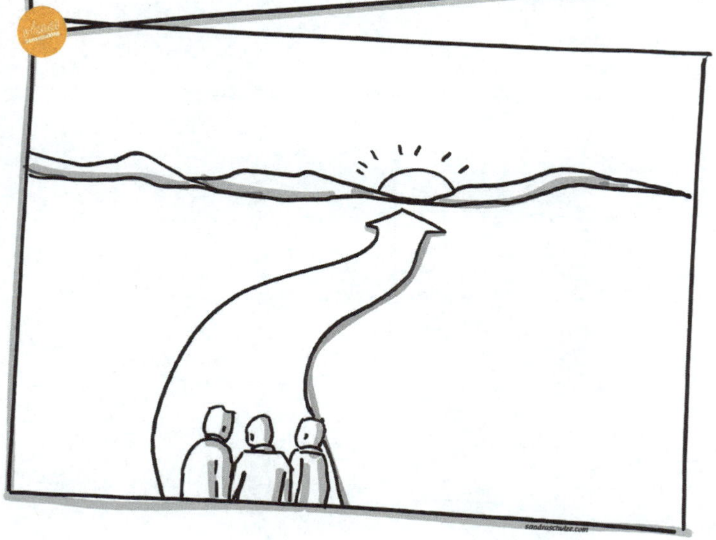

Diese Vorlagen sind inspiriert von den Flipchart-Vorlagen auf https://de.neuland.com

Arbeiten mit Vorlagen

Wenn Sie häufig Prozesse darstellen müssen, aber nicht immer Zeit und Lust haben, alles neu zu zeichnen, dann können Sie sich selbst Templates basteln. Ein Eisberg steht für alles, was sich unter der Oberfläche verbirgt. Ein Gipfel zeigt, dass schwierige Etappen bevorstehen; ein Weg führt zum Ziel.

Einmal gezeichnet und als Bild exportiert, kann man das Template immer wieder neu in Adobe Draw oder anderen Zeichen-Apps als Bild importieren und auf weiteren Ebenen zeichnen. Nutzbar wie ein Hintergrundbild. Download unter: bit.ly/aufdemtablet-0

5. Farbe

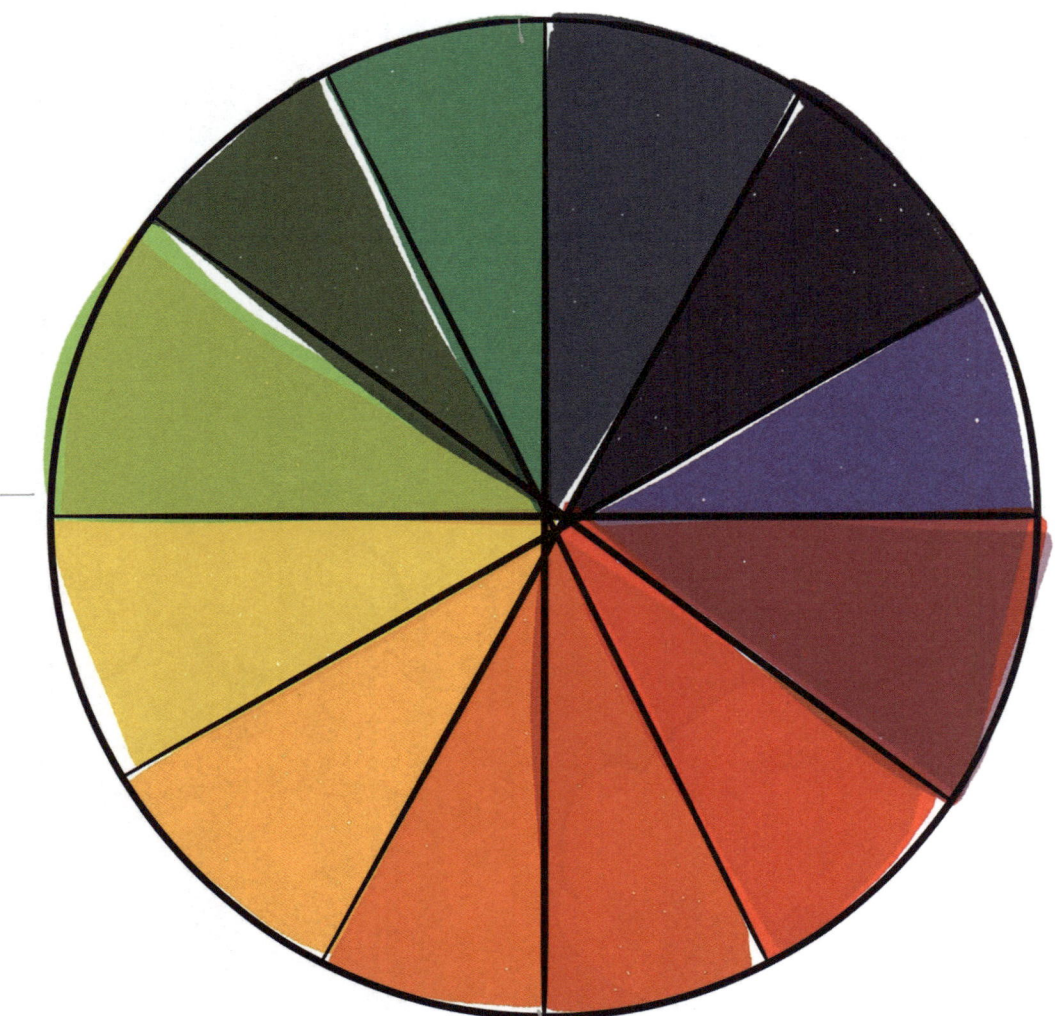

Mit Farben arbeiten

Mit Farbe können Sie aus einem Bild noch viel mehr herausholen. Farbe macht das Bild lebendiger und freundlicher. Mit Farben können Sie strukturieren, durch eine Farbcodierung Zusammenhänge zeigen und sogar Gefühle und Wirkungen verstärken. Farben sind einfach wunderbar!

Aber Vorsicht, zu viel des Guten kann das Bild unharmonisch machen und bei den Betrachtern auch ein ungutes Gefühl verursachen.

Wie setzt man denn nun Farben richtig ein? Sie haben bestimmt schon von Farbharmonien und Komplementärfarben gehört, oder? Aber was nützt Ihnen diese Wissen im Alltag? Komplementärfarben sind Farben, die sich im Farbkreis gegenüberliegen. Sie haben einen hohen Kontrast und wirken besonders lebendig, wenn Sie sie nebeneinandersetzen.

Vielleicht haben Sie das schon einmal gesehen: Manchmal ist der Schatten eines Objekts farbig, obwohl das Objekt auf einer weißen Fläche liegt. Bei der Zitrone hier zum Beispiel. Ja, genau, das sind die Komplementärfarben.

Wenn Sie besonders viel Aufmerksamkeit möchten, verwenden Sie Komplementärfarben. Vielen ist das zu schrill. Angenehm und trotzdem interessant sind gebrochene Komplementärfarben. Dabei werden die Nachbarn der gegenüberliegenden Farben links und rechts verwendet.

Als schön werden Farbharmonien empfunden. Damit kann man am wenigsten falsch machen. In dem Fall werden Farben gewählt, die im Farbkreis nebeneinanderliegen. In der Natur, in Landschaften sehen wir häufig Farbharmonien. Die meisten Zeichen-Apps bieten Farbpaletten mit voreingestellten Farbharmonien an.

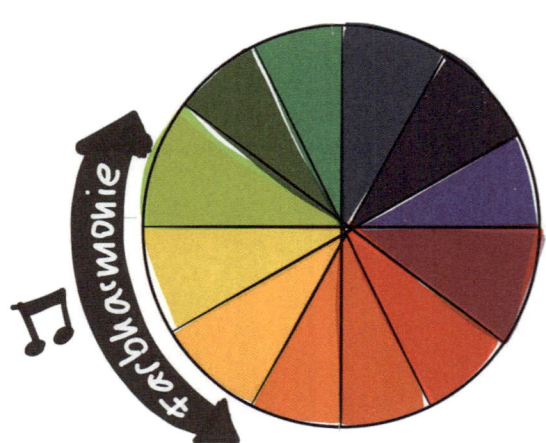

Alles viel zu kompliziert, das können Sie sich eh nicht merken? Das macht nichts! Im Alltag, wenn es schnell gehen muss, reicht es, nur eine Farbe zu verwenden (allerhöchstens drei). Zeichnen Sie mit Schwarz, setzen Sie dann mit einem schwarzen Marker mit geringer Deckkraft Schatten und danach mit einer Farbe Akzente. Aber welche Farbe denn nun? Ihr Unternehmen oder das Unternehmen Ihres Kunden hat bestimmt Farben in einem Corporate Design festgelegt. An ihnen können Sie sich orientieren. Ansonsten nehmen Sie Ihre Lieblingsfarbe.

Sie brauchen nicht viel für ein gutes Design. Schwarz zum Zeichnen, Grau zum Schattieren und eine Sonderfarbe, um Akzente zu setzen.

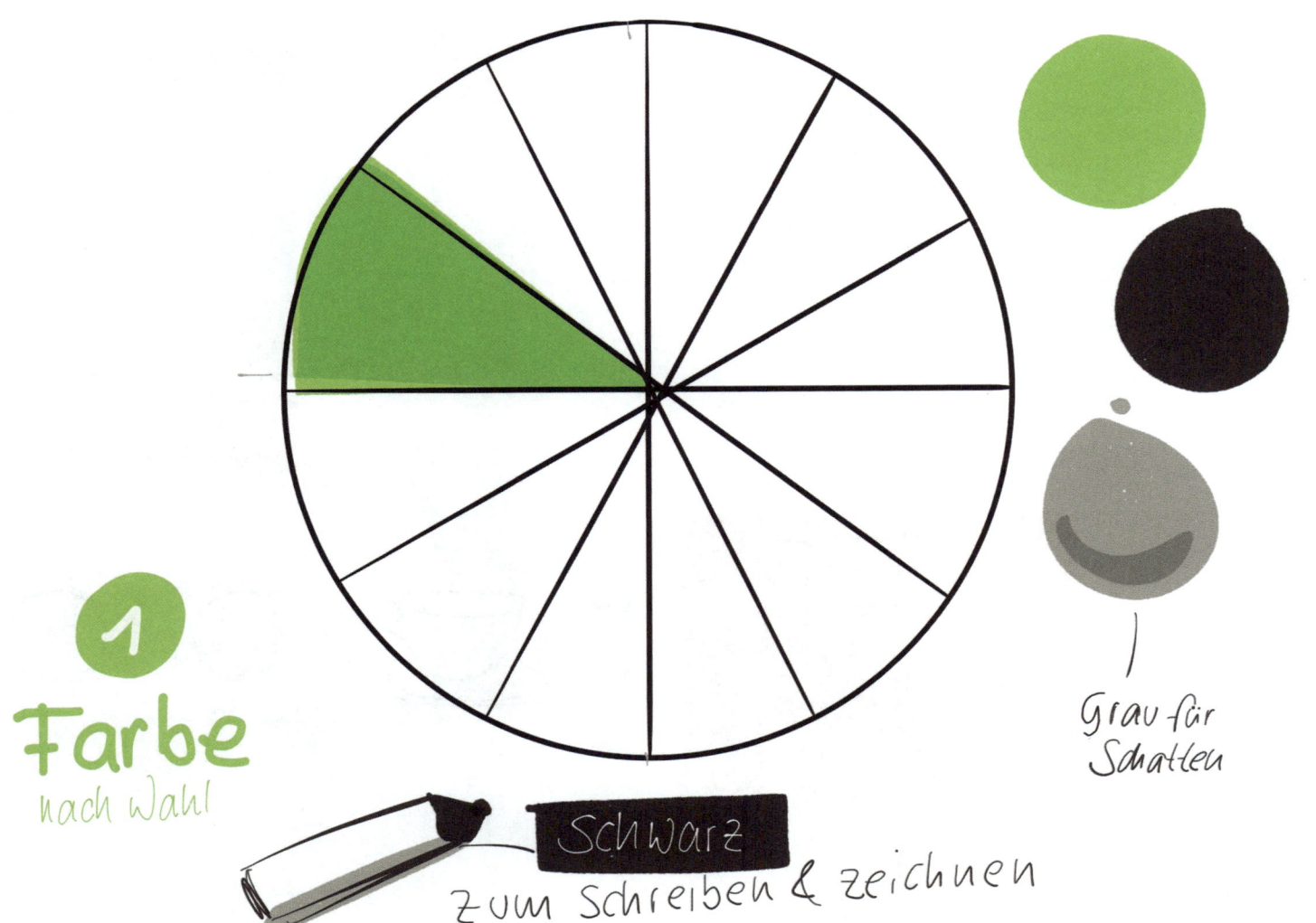

1

Farbe
nach Wahl

Grau für
Schatten

Schwarz

zum Schreiben & zeichnen

Farbe und Schatten setzen

Sie werden verblüfft sein! Wenn Sie eine Zeichnung erstellt haben, sind Sie wahrscheinlich noch nicht ganz glücklich, weil sie noch nicht so perfekt ist. Das ist gar nicht schlimm. Statt noch zehnmal neu anzufangen, oder an der Zeichnung herumzuflicken, setzen Sie erst einmal Schatten. Ihre Zeichnung wird plötzlich richtig gut aussehen. Dann bauen Sie noch etwas Farbe ein, und schon haben Sie eine tolle Zeichnung gezaubert.

Für den Schatten benutze ich das Marker-Werkzeug und wähle Schwarz mit einer Deckkraft von ca. 20 %.

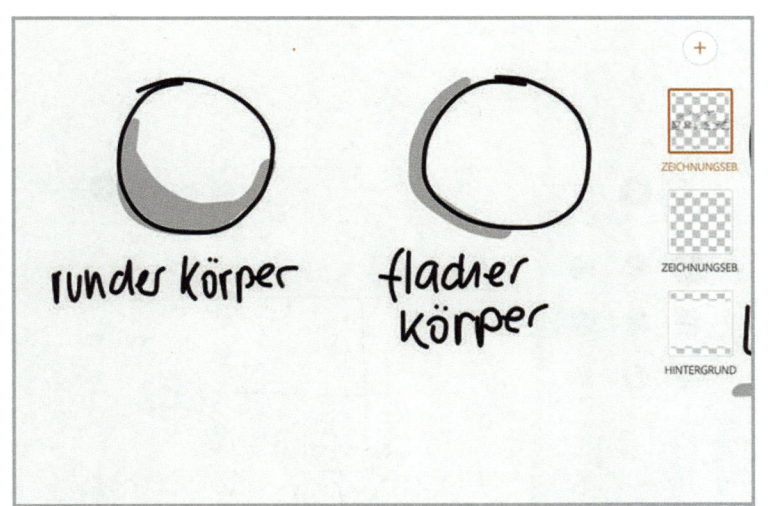

Diese Beispiele erstellte ich mit der App Adobe Draw im Format »iPad Pro quer«.

Mit der einfachen, aber praktischen App Bamboo Paper funktioniert das Schattieren und Kolorieren ähnlich.

Wählen Sie einen Fineliner für die Kontur. Sie können zwischen verschiedenen Farben entscheiden; hier ist Schwarz ausgewählt, was Sie am größeren Punkt erkennen.

Wenn Sie die Figur gezeichnet haben, …

... wählen Sie einen Marker und die Farbe Grau zum Schattieren. Der Marker eignet sich auch gut zum Kolorieren.

Dabei ist es wichtig, den Stift nicht abzusetzen, sondern die Fläche in einem Zug zu zeichnen.

Ebenen nutzen

Oh, Ebenen! Ebenen sind etwas Praktisches. Durch Ebenen schützen Sie Ihre Zeichnungen, wenn Sie mal korrigieren müssen. Auf der ersten Ebene zeichnen Sie die Konturen, auf einer zweiten die Schatten.

Da Sie bei dem Marker-Werkzeug die Deckkraft heruntergesetzt haben, wird der nächste darüber gezeichnete Strich dunkler.

Auf das Plus-Symbol tippen, um eine Ebene hinzuzufügen

Eine weitere Ebene können Sie für Schmuck-elemente nutzen, ohne die darunterliegende Zeichnung zu beschädigen.

Mit dem Pinsel-Werkzeug können Sie wun-derbar eine Schnörkelschrift schreiben.

Mit dem Stift-Werkzeug können Sie nun noch ein paar Schatteneffekte zu der Schrift hinzufügen.

Hübsch, oder? Fehlt noch eine Farbfläche als Hintergrund? Dann fügen Sie zuerst noch eine Ebene hinzu. Sie können übrigens die Ebenen verschieben und neu anordnen, indem Sie auf die Ebene tippen, den Finger auf dem Icon halten und es dann nach unten verschieben.

Nun können Sie eine grobe Kontur um die Tasse zeichnen und eine Form für die Farbfläche aussuchen.

Positionieren Sie die Form, doppeltippen Sie auf den Rand, nun haben Sie einen perfekten Kreis. Wenn Sie jetzt den Stift etwas länger in den Kreis halten, füllt sich die Fläche mit der Farbe, die Ihr Werkzeug gerade hat.

Dafür legen Sie eine weitere Ebene an. Um bei den ganzen Ebenen nicht durcheinanderzukommen, hilft es, wenn Sie den Ebenen Namen geben.

Ich finde, die Zeichnung kann noch ein paar Effekte vertragen, oder? Glanzeffekte geben den letzten Schliff. Dafür verwende ich den Pinsel in Weiß mit einer Deckkraft von ungefähr 50 %.

Sie können die unterste Ebene auch löschen. Die Hintergrundebene brauchen Sie nicht unbedingt. Anschließend können Sie Ihr Bild exportieren. Der Knopf befindet sich oben rechts.

Wenn Sie auf »Bild« und dann auf »Bild sichern« tippen, befindet sich Ihre Zeichnung ohne Hintergrund (freigestellt) als PNG-Datei in Ihren Fotos.

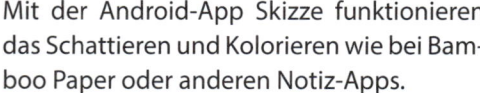

Mit der Android-App Skizze funktionieren das Schattieren und Kolorieren wie bei Bamboo Paper oder anderen Notiz-Apps.

Wählen Sie einen Fineliner für die Kontur. Sie können die Größe an dem Regler einstellen. Eine schmale Kontur wirkt am elegantesten.

Wenn Sie die Figur gezeichnet haben, wählen Sie einen Marker sowie die Farbe Grau zum Schattieren.

Legen Sie vorher eine neue Ebene an.

Der Stift darf hier gerne etwas breiter sein.

Dann müssen Sie nicht immer wieder neu ansetzen, um einen ordentlichen, gut sichtbaren Schatten zu zeichnen.

Der Marker eignet sich auch zum Kolorieren. Dabei ist es wichtig, den Stift nicht abzusetzen, sondern die Fläche in einem Zug zu zeichnen.

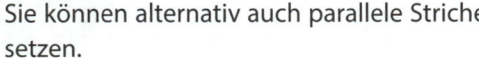

Sie können alternativ auch parallele Striche setzen.

Sie sollten allerdings nicht in verschiedenen Richtungen schraffieren, sonst sieht Ihre Zeichnung schnell krakelig aus.

6. Die Matrix

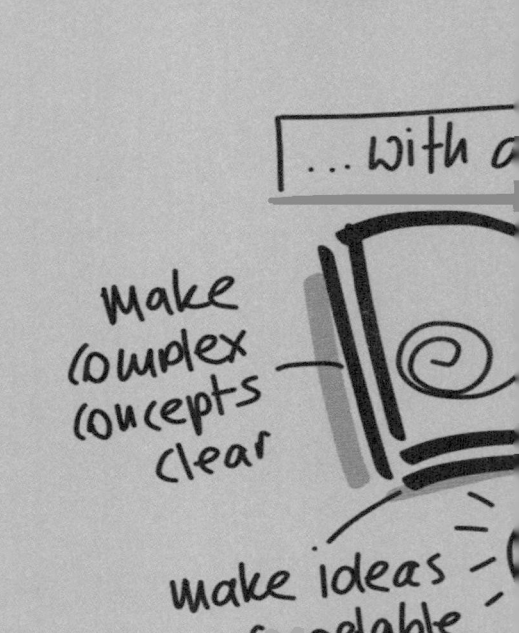

now
intern
Todays Realities
Tommorows Opportunities
extern
value
Die Matrix
include everyone
with a picture
capture our participants mind
people see what we mean

Die Matrix als Übung

Jetzt haben Sie alle Werkzeuge bei der Hand und beherrschen alle Symbole, um Ihre Geschichte zu erzählen. Was sollten Sie vorher bedenken?

Die Lösung finden Sie bei der folgenden Übung. Hier wird eine Matrix aufgebaut, deren Struktur und Elemente dabei helfen, komplexe Sachverhalte mit erstaunlich wenig Aufwand anschaulich zu machen. Sie können die Übung auch als Video verfolgen.

Wie ist die Matrix aufgebaut? Aus einer vertikalen und einer horizontalen Achse mit jeweils drei Elementen, die wiederum in drei Punkte unterteilt sind. Die Elemente der vertikalen Achse haben wir von Dan Roam geliehen, der mit seinem empfehlenswerten und 2014 veröffentlichten Buch »Show and Tell« zeigt, wie mit wenig Aufwand aufsehenerregende Präsentationen gelingen, egal mit welchem Medium

Schauen wir uns die **drei Elemente der vertikalen Achse** gemeinsam an: Beginnen Sie am besten jetzt, dem Video zu folgen und mitzuzeichnen.

Scannen Sie dazu folgenden QR-Code oder geben Sie diesen Link in Ihren Browser ein: bit.ly/aufdemtablet-3

Wir erarbeiten uns gemeinsam zeichnend die Matrix. Für diese Übung empfehle ich die App Adobe Draw.

Das erste Element nennt Dan Roam im englischen Original »Tell the Truth«. Wir erreichen die **Köpfe und Herzen unseres Publikums**, wenn wir wissen, wovon wir sprechen. Wenn wir nicht übertreiben. Und wenn wir unser Anliegen verständlich machen. Ein Herz ist ein einfaches und gutes Symbol dafür. Was geschieht, wenn wir erzählen, wovon wir Ahnung haben? Drei gute Ergebnisse erzielen wir beinahe automatisch.

Das erste Ergebnis: Wir schaffen eine gute **Verbindung zu unserem Publikum.** Keine Präsentation im grellen Beamerlicht stört diese Verbindung und lässt den Eindruck einer Stimme aus dem dunklen Off entstehen, sondern wir werden gesehen. Dan Roam sagt dazu im Original: »We connect with our audience.« Eine Person, die zu einer Personengruppe spricht und mit ihr gut verbunden ist, ist ein passendes Symbol dafür.

Das zweite Ergebnis: Wir zeigen, dass wir hinter – ach was, vor – unserem Thema stehen und nicht bloß eine Präsentation aus der Konserve abhalten, mit vorgefertigtem Material. Unser Publikum sieht unsere **Passion für unser Thema** und nimmt uns für voll. Wir sind glaubwürdig, und diese positive Bestätigung lässt uns wie eine Auf-

wärtsspirale echte Begeisterung zeigen, die wiederum als ehrlich wahrgenommen wird. Dan Roam nennt das »we become passionate«. Eine Person mit einer durchgestrichenen Sprechblase könnte ein passendes Symbol dafür sein.

Das dritte Ergebnis: Wir werden beinahe automatisch selbstbewusster und finden unsere Mitte, die uns sonst durch das Klicken und Ablesen einer Präsentation eher verborgen blieben würde. Durch die bessere Verbindung zu unserem Publikum und dessen positive Rückmeldungen finden wir deutlich **mehr Vertrauen zu uns** und unserem Thema. Das strahlen wir aus und dadurch setzen wir wieder eine Aufwärtsspirale in Gang, die uns durch unseren Vortrag trägt. Dan Roam beschreibt das mit »we find self-confidence«. Ein Siegertreppchen mit einer besonders hervorgehobenen »1« ist ein gutes Symbol dafür.

Das zweite Element nennt Dan Roam im englischen Original »**Tell the Truth with a Story**«. Warum? Weil eine Geschichte mit Anfang und Ende unserem Publikum erlaubt, unseren Gedanken zu folgen. Erzählen wir im Stil einer menschgewordenen Excel-Datei, folgen uns nur Freaks. Erzählen wir im Stil Einleitung – Hauptteil – Schluss, folgen uns alle anderen. Ein **Pfeil mit Anfangs- und Endpunkt** ist dafür ein gutes Symbol. Was geschieht, wenn wir eine Geschichte mit klarem Anfang und schnellem Ende erzählen? Drei großartige Ergebnisse folgen beinahe automatisch.

Das erste Ergebnis: Wir machen **komplexe Konzepte endlich klar** und verständlich. Unsere Zuhörer, egal wie viele es sind, teilen uns in den seltensten Fällen rechtzeitig mit, dass sie nicht die geringste Ahnung haben, wovon wir sprechen. Das heißt für uns, dass wir oft nicht rechtzeitig mitbekommen, wenn wir jemanden abhängen, wenn auch nur kurz. Was, wenn sich die Mühe des »Wiedereinstiegs« nicht lohnt? Dann haben wir verloren – die Person und die Chance, ein Zeichen zu setzen. Gute Symbole dafür sind ein **Wollknäuel und ein kurzer Pfei**l.

Das zweite Ergebnis: Wir machen unsere **Ideen und Aussagen unvergesslich.** Vermutlich lauschen unsere Kunden mehreren Anbietern und nicht nur uns. Nicht nur in diesem Fall wollen wir dafür sorgen, dass unser Vortrag, unser Pitch, unser Seminar positiv und lange in Erinnerung bleibt. Das tun wir weniger mit PowerPoint-Schlachten im Kinomodus, sondern mit nachvollziehbaren Geschichten, die an der Realität des Gegenübers andocken. **Eine Glühbirne und ein Ausrufezeichen** sind dafür gute Symbole.

Das dritte Ergebnis: **Wir nehmen alle Beteiligten mit**. Auch die zeitweise Unbeteiligten. Sollten Teile unseres Publikums gedanklich kurz abschweifen, haben sie die Chance, wieder in unsere Geschichte einzusteigen. Denn, was wäre die Alternative? Sollte unser Publikum den Eindruck haben, dass es nach wenigen Sekunden Gedankenwanderung den Faden verloren hat, schaltet es komplett ab. Das wollen wir vermeiden, indem wir immer wieder Hintertüren zum »Wiedereinstig« anbieten. Passende Symbole dafür wären eine Gedankenblase mit Palme und, je nach Präferenz, Schönheit in Bikini oder Badehose, und eine Personengruppe, die gemeinsam an ein Ausrufezeichen denkt.

Das dritte Element nennt Dan Roam im Original »**Tell the Story with a Picture**«. Wozu? Weil Menschen in Bildern denken, nicht in Buchstabenprozessionen. Alan Smith, der Chefgrafiker von Alexander Osterwalder – genau der, der Autor des großartigen Werkes »Business Model Generation« – fasst das wunderbar zusammen:

»When you present a rough plan, people see the plan. When you present a polished plan, people see the polish.« Wir möchten doch, dass unser Gegenüber unsere Idee (the plan) wahrnimmt und nicht, wie toll wir PowerPoint-Animationen (the polish) beherrschen. Ein **Bilderrahmen** mit angedeutetem Porträt oder einem **Landschaftsbild** wäre ein gutes Symbol dafür.

Was geschieht, wenn wir unsere Geschichte in Bildern erzählen? Drei sensationelle Ergebnisse erzielen wir beinahe automatisch.

Das erste Ergebnis: **Unser Publikum versteht exakt das, was wir meinen**. Nicht mehr und nicht weniger. Wollen wir Missverständnisse vermeiden, können wir darauf hoffen, dass unsere präsentierten Zahlenkolonnen exakt erinnert werden. Die Wahrscheinlichkeit ist allerdings nur wenig höher als ein Kometeneinschlag im so oder so bereits arg gebeutelten Heidelberger Schloss. Die Alternative lautet »in Bildern erzählen«, und das möglichst so, dass zumindest sehr ähnliche Bilder in unseren Köpfen und den Köpfen des Publikums entstehen. Eine gute Symbolkombination ist eine Person mit einem **Fisch in einer Sprechblase** und eine Personengruppe mit einem Fisch gleicher Größe in einer gemeinsamen Gedankenblase.

Das zweite Ergebnis: Wir nehmen den **Gedankenfluss unseres Publikums auf** freundliche Art gefangen. Indem wir gewissermaßen als Kinobesitzer und Filmvorführer in Personalunion agieren und so »für den Film sorgen«, bestimmen wir so gut wie möglich, was gezeigt wird. Es ist angenehmer, uns zu folgen, und die Gefahr, dass unser Gegenüber aus unserer Geschichte »aussteigt«. wird deutlich geringer, wenn wir in zusammenhängenden Bildern sprechen und so einen Film ablaufen lassen.

Eine Filmkamera ist dafür ein naheliegendes und gutes Symbol.

Das dritte Ergebnis: Wir sorgen für deutlich **weniger Langeweile**, egal ob wir eine oder Hunderte Personen adressieren möchten. Die erwähnten Freaks, die nur beim »Vortragen« langer Zahlenkolonnen im Excel-Format aufblühen, wollen wir so oder so nicht bedienen. Alle anderen sehr wohl. Bilder – und erst recht mehrere Bilder in nachvollziehbarer Reihenfolge – sorgen für Aufmerksamkeit, positive Anspannung und Resonanz beim Publikum. Eine passende Kombination aus Symbolen ist eine Gruppe von Personen, die gemeinsam eine **durchgestrichene leere Gedankenblase** denkt, oder Ähnliches.

Wir danken Dan Roam, verabschieden uns von ihm und sehen uns nun die drei Elemente der horizontalen Achse gemeinsam an. Diese Achse bringt eine chronologische Folge ins Spiel: Wir betrachten Gegenwart, Zukunftsszenarien und mögliche Antworten auf Fragen unseres Publikums.

Das erste Element nennen wir »**Today's Realities**« und wir teilen es in zwei Blöcke auf. Warum? Weil wir unser Gegenüber nur an einer Stelle abholen können, ob es uns genehm ist oder nicht: dort, wo es sich im Moment befindet. Wollen wir unser Publikum weder langweilen noch nach wenigen Sekunden abhängen, müssen wir mit einem gemeinsamen Verständnis starten. Eine 80%-Lösung ist dafür mehr als ausreichend, 100% sind realistisch nicht zu schaffen. **Ein Kalenderblatt**, eventuell mit dem aktuellen Datum, ist dafür ein gutes Symbol.

Der erste Block: Wie sieht die »interne« Realität unseres Publikums aus? Lassen Sie uns annehmen, dass wir unser Angebot zur Beratung rund um Geschäftsmodellinnovation einem potenziellen Kunden aus dem Mittelstand vorstellen. Die »**interne**« **Realität des Kunde**n dreht sich möglicherweise um schlanke oder komplexe interne Abläufe, um Budgets und deren Restriktionen, um im Unternehmen vorhandenes oder aufzubauendes Wissen. Genau dort starten wir, in dem Wissen, dass wir als **Externe** nie den perfekten Einblick haben werden. Eine grobe Richtung ist völlig in Ordnung. Diese Art des Starts hilft auch, unsere eigene Einschätzung mit Hilfe des Publikums zu erproben und gemeinsam zu sehen, wie nächste Schritte aussehen könnten. Ein passendes Symbol für die »**interne**« Darstellung wäre eine **Fabrik**, eventuell ein neutrales Gebäude.

Der zweite Block: Wie sieht unser Publikum vermutlich seine »**externe**« **Realität**? Wir versuchen, die Frage zu beantworten, wie unser Gegenüber seine Welt betrachtet – im Coaching nennen wir das »den Blick des Klienten auf seine Welt verstehen«. So vermeiden wir, dass wir jemandem unsere Sicht seiner Welt aufdrängen, noch dazu gleich zu Beginn. Wir greifen das vorherige Beispiel auf und fragen unter anderem nach den gegenwärtigen Kunden und Interessenten, dem aktuellen Markt, dem Wettbewerb unseres Kunden – also nach allem, was sich außerhalb seiner Organisation befindet. Ein **Männchen mit Krone**, das einen Kunden darstellt, könnte ein gutes Symbol dafür sein.

Das zweite Element nennen wir »**Tomorrow's Opportunities**« und wir teilen es ebenfalls in zwei Blöcke auf. Warum? Weil wir gemeinsam einen großen Schritt von der Gegenwart in eine Zukunft des Publikums machen wollen, oder in mögliche »**Zukünfte**«. Wo ergeben sich Chancen in Form neuer Kunden, neuer eigener Angebote, neuer Märkte, neuer Partner? Diese Fragen wollen wir gemeinsam aufwerfen und einige davon beantworten. Eine **Rakete** oder ein Ufo sind dafür gute Symbole.

Der erste Block: Wie sehen mögliche »**interne**« Zukunftsszenarien unseres Publikums aus? Um mit unserem Beispiel fortzufahren: Wohin entwickelt sich die Organisation des Kunden vermutlich? Was muss dringend verändert und umgebaut werden, um den künftigen Herausforderungen nachhaltig zu begegnen? Was ist alles möglich – und was davon auch tatsächlich sinnvoll, zumutbar und umsetzbar? Auch hier sind eine **Fabrik** oder ein neutrales Gebäude wieder gute Symbole für die »**interne**« Darstellung.

Der zweite Block: Wie sehen mögliche »**externe**« Zukunftsszenarien unseres Publikums aus? Welche Gelegenheiten ergeben sich mit einem neu geschneiderten Angebot, einem Aufbruch zu neuen Märkten, einer neuen Partnerschaft mit einander ergänzenden Produkten? Welche Bedrohungen werden durch neue, bisher noch nicht identifizierte Wettbewerber oder neue Produkte und Dienstleistungen auftreten? Ein Männchen mit Krone könnte auch hier ein passendes Symbol sein, oder ein Teufelchen, das den **bösen Wettbewerb** repräsentiert.

Das dritte Element nennen wir »**Terrific Proposal**«. Wozu das? Weil wir nach Gegenwart und möglicher Zukunft nun zu einer Antwort gelangen möchten: zu unserer

Antwort. Damit schließt sich der gedankliche Kreis, und unser Gegenüber nimmt unsere und seine Ideen mit nach Hause. Das ist genau der Zeitpunkt, von dem der Brite »where the rubber hits the road« sagt, und bei dem eine jederzeit nachvollziehbare Abfolge von »heute« – »morgen« – »nächste Schritte« wichtig ist. **Ein Häkchen** oder eine »OK«-Checkbox sind dafür gute Symbole.

Der erste Block: Woraus genau besteht unser Vorschlag? Hier ist der richtige Platz für unser **konkretes Angebot**, beispielsweise als Antwort auf ein Pflichtenheft, gerne mit konkreten und belastbaren Daten und Zahlen. Wie setzt sich der Preis zusammen, wie die Ersparnis für den Kunden? Können wir einen Return on Investment seriös schätzen oder gar versprechen? Welche Leistungen sagen wir zu, wie sieht die Zeitachse aus, was benötigen wir dazu von unserem Kunden? **Ein Dokument** wäre dafür ein gutes Symbol.

Der zweite Block: Welchen **konkreten Nutzen** versprechen wir? Wo ist der Deal für unseren Kunden, abseits von »functions and features«? Was ist nachher besser als vorher – also mit unserem Angebot? Entgegen nicht nachvollziehbaren Weissagungen ist nicht der erste, sondern der letzte Eindruck

wichtig. Hier beschreiben wir daher den Nutzen möglichst genau und verständlich, ohne uns im technisch Möglichen zu verlieren, und machen ein »Aha!« möglich. Ein passendes Symbol ist ein Paket mit flotter Schleife.

Damit ist die Struktur mit den jeweiligen Elementen der Matrix komplett. Sie wird Sie dabei unterstützen, komplexe Sachverhalte nachvollziehbar zu machen und Ihr Publikum einzufangen. Gutes Gelingen dabei!

7. Notizen und Ideen sammeln

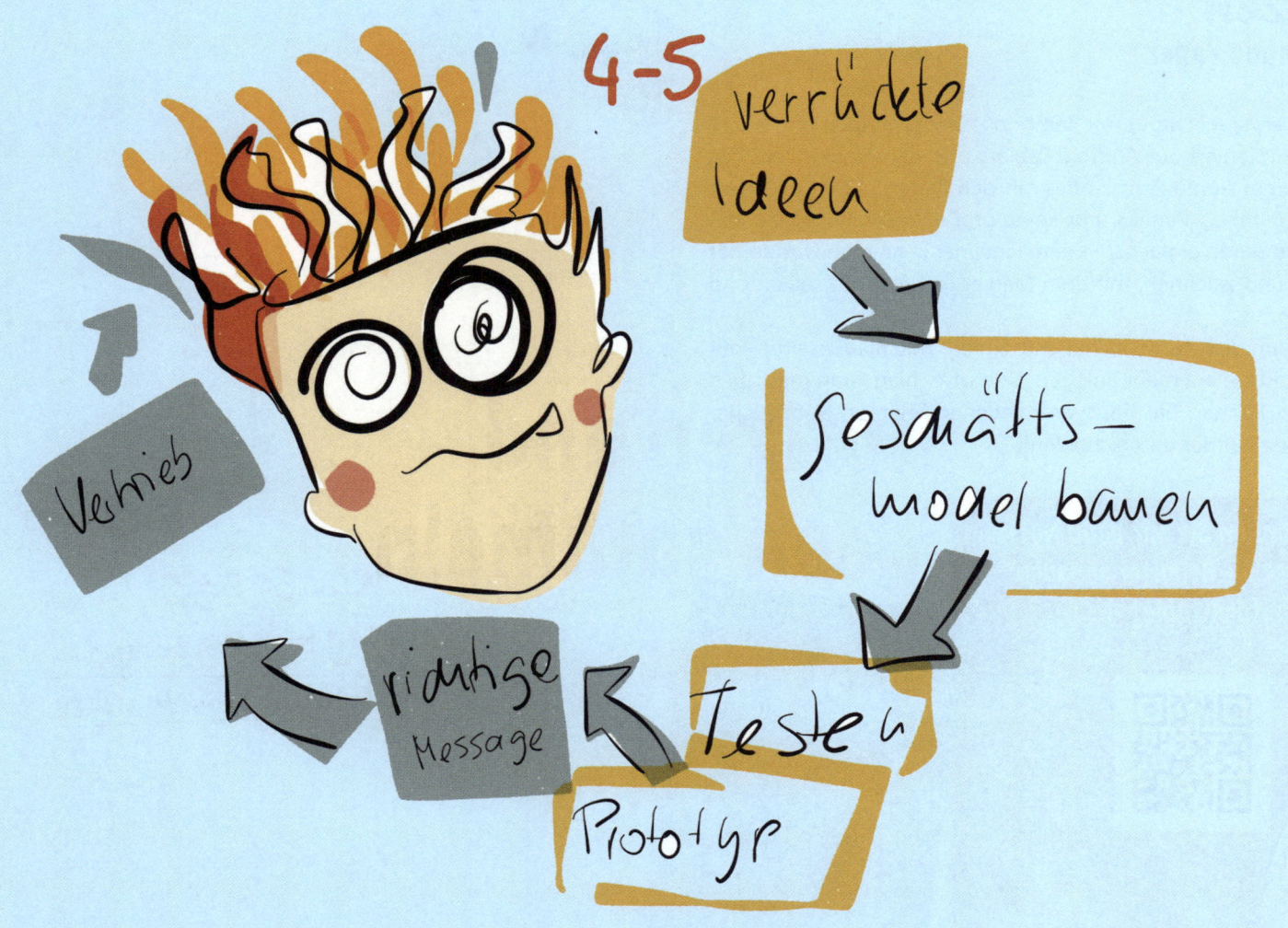

Notizen
mit Bamboo Paper

Man kann erstaunlich gut mit Bamboo Paper schreiben und zeichnen. Es funktioniert auf Android-Tablets und dem iPad. Allerdings nicht mit dem Apple Pencil, aber mit den Paper 53 Pen und dem normalen Bamboo Pen. Es gibt keine große Werkzeugpalette, daher ist es so schön einfach. Mit dem Fineliner kann man wunderbar schreiben und zeichnen, mit dem Marker Farbakzente setzen und schattieren.

Man kann sich Noitzbücher mit Linien, mit Blankoseiten, mit Punkten und vielem mehr anlegen. Den Umschlag kann man auch ändern. So können Sie Ihre verschiedenen Themen-Notizbücher einfach voneinander unterscheiden.

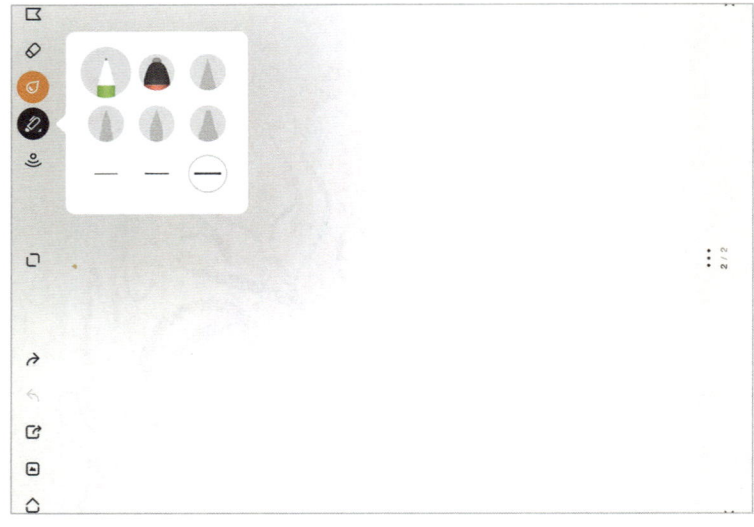

Hier können Sie mir beim Notieren über die Schulter schauen:
bit.ly/aufdemtablet-4

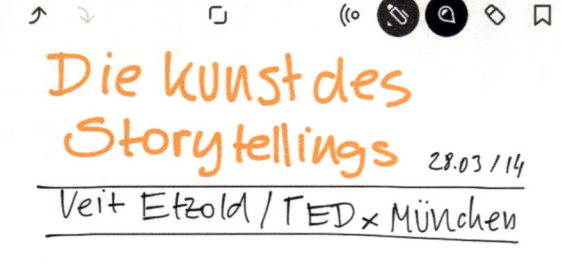

Die kunst des Storytellings

28.03/14

Veit Etzold / TEDx München

Der König ist tot, die Königin auch. } **Fakten**

Der König ist tot und die Königin starb aus Trauer } **Geschichte**

Stories
Sind immer stärker als Fakten

Stellen Sie sich vor sie sitzen an einer Hotelbar...

Rufen Sie den Notruf Muine Niere!

Gute Story:
- Helden
- Böse nicht
- Wendepunkt
- Haptisches (Badewanne, Eis.. Situation)

gute Dinge Werden unterbewertet Schlechte überwertet

hör die paranoiden überleben

Wende punkt

Itimmel o. Hölle

Unser Gehirn bildet automatisch Geschichten

Erfinder des Storytellings

Lahlen Daten Fakten

Story übers Herz / erlebbar

Heute

Du ZDF kommst hier nicht rein..

Wenn sie überzeugen dann am Anfang

Informationen immer stückchen-weise

Helden   Schurken

Wende punkt überwinden

Happy End

An der oberen Leiste finden Sie ein Haussymbol. Darüber schließen Sie das Buch und kommen zurück zu Ihren anderen Notizbüchern. Daneben ist ein Symbol, um Fotos (oder bestehende Zeichnungen) zu importieren.

Ganz unten auf der Seite sehen Sie drei Punkte. Wenn Sie darauf tippen, öffnet sich ein Fenster und Sie sehen alle Seiten aus Ihrem Notizbuch. Hier können Sie Seiten neu anordnen, neue hinzufügen und Seiten löschen (tippen Sie dazu auf das Häckchen).

Das Export-Symbol ermöglicht den Export der aktuellen Seite.

Um das ganze Buch als PDF zu exportieren müssen Sie erst das Notizbuch über den »Home«-Button verlassen. Dann können Sie das geschlossene Notizbuch über den »Export« Button exportieren.

Nun haben Sie die freie Auswahl: Möchten Sie es per Mail versenden, in Ihrem Dropbox-Ordner speichern, um mit anderen zusammenzuarbeiten, oder in Evernote zu anderen Notizen hinzufügen?

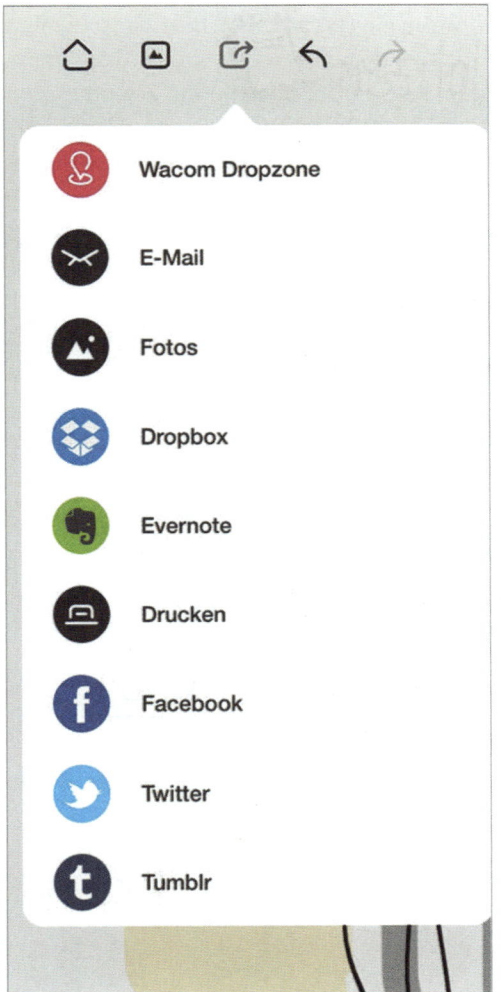

Notizen
– TODO –

- ☑ Brainstorming
- ☑ Konzept
- ☑ Ideen strukturieren
- ☑ Plan machen

Thema · Thema · Thema · Thema

Notizen mit System
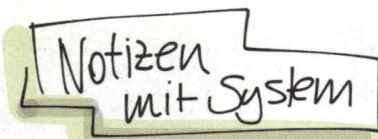

Eine gut lesbare Schrift (ich arbeite dran) ist der Anfang eines schönen Notizbuches.

Liebe zum Detail, Elemente, um optisch Absätze abzugrenzen.

Listen, nicht vergessen

- ▪ Kind abholen
- ○ Hund füttern
- ○ Sport machen

- ○ Termine machen
- ○ Mail beantworten
- ☐ Rückruf

Notizen mit Charme

Sie können einige Notizen-Apps auch wunderbar als Dokumentationen von Workshops, oder Reisen verwenden. Es ist möglich, Fotos einzufügen und zu platzieren. Damit der Bruch zwischen Handschrift und Foto nicht zu groß ist, können Sie einen gestalterischen Trick verwenden, indem Sie um die Fotos einen Rahmen zeichnen, oder Sie kritzeln direkt in das Foto.

145

Lassen Sie Ihrer Kreativität freien Lauf! Seien Sie mutig, spielen Sie mit Kontrasten wie großer und kleiner Schrift, hell und dunkel, Weißflächen und Textwolken.

Sie werden sehen: Die Meetings und Workshops machen plötzlich Spaß und Sie schauen Ihre Notizen auch gerne nach mehreren Wochen wieder an.

Aber Vorsicht! Es könnte sein, dass Sie ab jetzt immer das Protokoll führen müssen, weil Ihre Kollegen Ihre Dokumentation so zauberhaft finden.

Notizen
mit Evernote

Evernote ist berühmt und heiß umstritten. Die einen lieben es, den anderen ist es zu komplex. Das Tolle an Evernote ist: Man kann seine Notizen sortieren, PDFs scannen und kommentieren, verschiedene Inhalte (z. B. aus dem Netz) sammeln, skizzieren; man kann tippen, statt mit der Hand zu schreiben, und vor allem seine Notizen mit anderen teilen. Das ist sehr praktisch, wenn man im Team an einem gemeinsamen Projekt arbeitet.

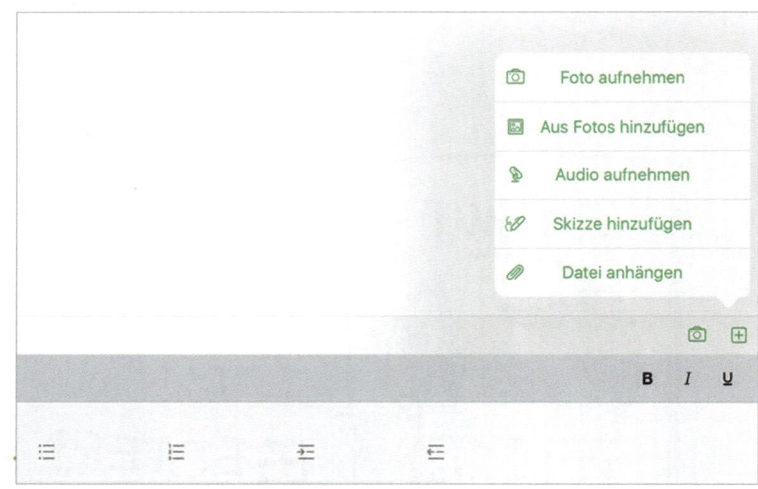

Skizzieren

Notizen handschriftlich oder editiert erstellen

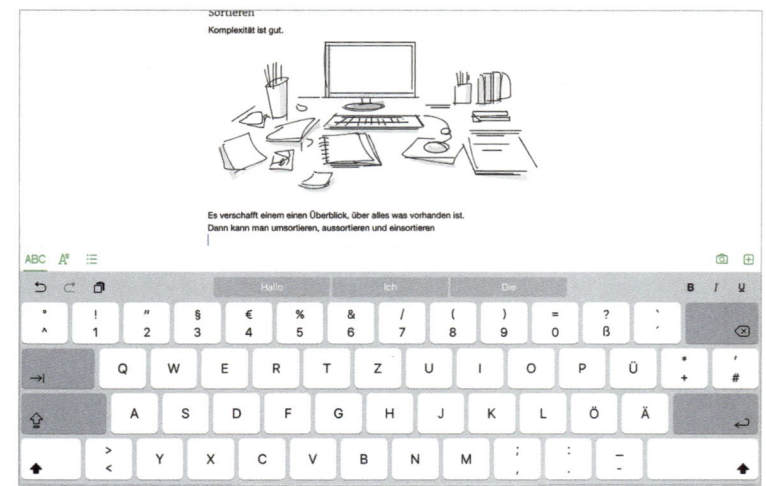

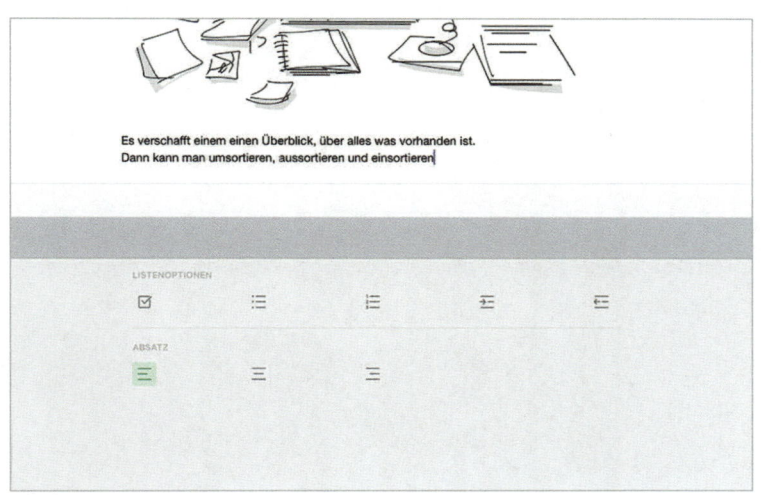

Es verschafft einem einen Überblick, über alles was vorhanden ist.
Dann kann man umsortieren, aussortieren und einsortieren

Außerdem sind die Evernote-Notizen auf Ihrem Tablet, Smartphone, und Computer synchronisiert verfügbar.

Von Moleskine gibt es ein entzückendes smartes Evernote-Notizbuch (ein echtes aus Papier!). Halten Sie Ihre Ideen in Ihrem speziell gestalteten Evernote Smart Notebook von Moleskine fest. Fotografieren Sie mit der Evernote Page Camera eine beliebige Seite in diesem Buch. Die Aufnahme wird umgehend digitalisiert, damit Sie sie speichern, suchen und anderen präsentieren können. In Evernote können Sie Ihre handgeschriebenen Notizen anhand von Stichwörtern und Tags suchen oder sie einfach optisch durchsuchen.

Organisieren

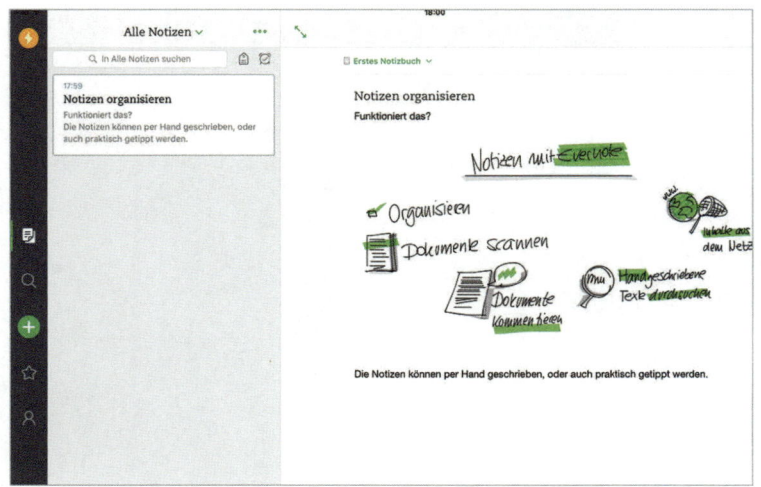

Teilen

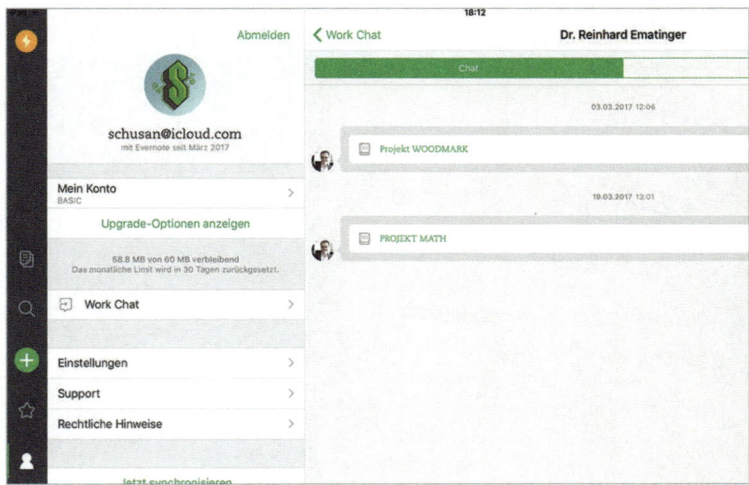

8. Fakten auf einen Blick — Infografiken

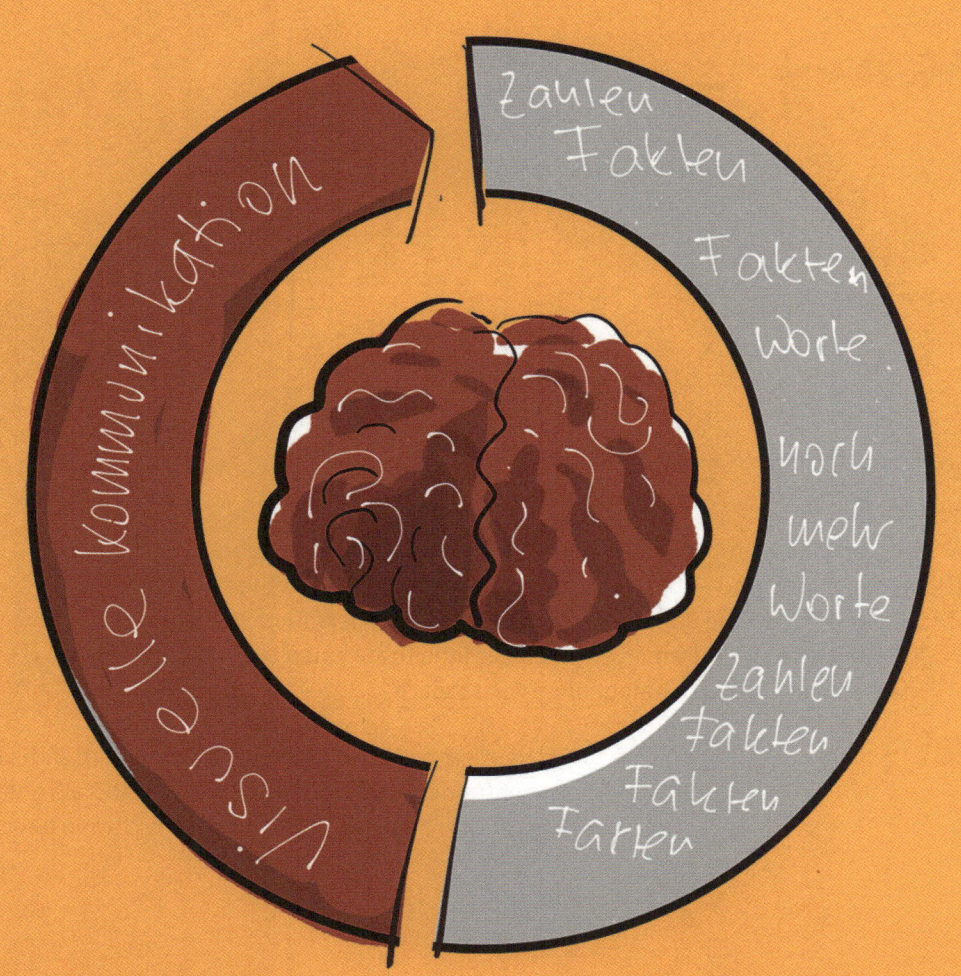

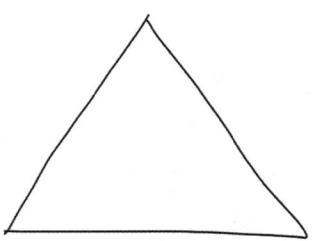  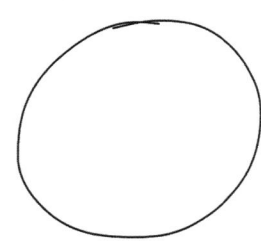 

Mit einfachen Grundformen – wie sie in ausdruckslosen Diagrammen zu finden sind – können Sie durch die Verbindung von Themenwelt und Inhalt eine übersichtliche und doch aussagekräftige Visualisierung erschaffen. Damit vermitteln Sie Inhalte auf einen Blick und machen wichtige Zusammenhänge verständlich.

Info-grafik

Inhalt herunterbrechen

Wichtige Aussagen als Ankerpunkte setzen

Zahlen und Fakten mit Aussagen kombinieren.

Als Ablauf darstellen

Text Basis Text Basis

Träger

90% 70% 40% 80%

Infografiken leicht gemacht

Sie möchten viele Informationen anschaulich und leicht verständlich auf einen Blick darstellen? Dann eignen sich Infografiken wunderbar. Infografiken sind visuell aufbearbeitete Fakten. 65 % der Betrachter erinnern sich noch nach drei Tagen an den Inhalt. Gerade in der Zeit der sozialen Medien herrscht ein harter Kampf um die Aufmerksamkeit der Mitmenschen.

Infografiken können Sie als PowerPoint-Dateien, auf Plakaten oder am besten in sozialen Medien teilen.

Welche Verbreitung Sie wählen, sollten Sie sich vor der Umsetzung überlegen. Wenn Sie etwas auf Pinterest posten möchten, können Sie die Infografik fast endlos lang gestalten – in einem extremen Hochformat. Auf Facebook oder in PowerPoint eignet sich ein Querformat oder Quadrat am besten.

Mit wenigen Elementen schaffen Sie Ihre eigene Infografik: Zahlen, Daten, Fakten, Bilder, Text, Nummerierung, Pfeile und Weißraum. Der Weißraum ist wichtig in der Gestaltung: Mit ihm schaffen Sie Ruhe in der Grafik. Auf diese Weise überfluten Sie die Betrachter nicht mit zu vielen Informationen.

Diagramme & Fakten

Pfeile

1. 2. 3. Zahlen

Bilder

Symbole

kurze Texte

Kurzer Titel

Einführung ins
Thema

Daten u. Fakten
Nummeriert mit kurzen Text
(beliebig erweiterbar)

Diskussion, Erörterung
der Fakten
(so viel wie nötig)

Empfehlungen
und Zusammenfassung
im letzten Kästchen

nicht vergessen: die Quellenangabe

Infografik

greifbare Einleitung in 3-5 Zeilen

1   2

3   4   5

6   Empfehlung   7

Zusammenfassung

Quellen, Links... Glossar....

Der Grundaufbau einer Infografik ist immer ähnlich: ein Titel, eine kurze Beschreibung, oder Einführung ins Thema, Daten und Fakten mit Nummerierung, eine Beschreibung und Erörterung, die tiefer ins Thema geht, vielleicht eine Empfehlung, eine Zusammenfassung und natürlich die Quellenangabe. Fertig ist die Infografik!

Die Umsetzung

Welchen Inhalt möchten Sie darstellen? Wer ist Ihre Zielgruppe? Suchen Sie sich aus dem Text die relevanten Inhalte und fassen Sie ihn kurz zusammen.

Welche Aussagen sind wichtig? Welche Symbole beschreiben die Aussagen am besten? Wie viele Elemente haben Sie? Welche Strukturierung wäre also am sinnvollsten? Eine Skizze vorab, hilft Ihnen bei der Überlegung. Den schwierigsten Teil haben Sie jetzt geschafft.

Fou — RWE planen
3 Jahre bauen
5 Jahre bauen
50 Jahre betreiben
EnBW — Vattenfall

6 Mio Haushalte

2010
2,1 Milliarden €

März 2011
Reaktorunfall Fukushima

Sicherheits-prüfung aller deutschen Kernkraftwerke

Stilllegung älterer Kernkraftwerke !

1,3 Mill.
Sonder-abschreibungen 2014

Das Ende der Atomkraft!
bis 2012

2013
Geschäft mit Kohle und Kernkraft reduzieren
Bis 2030 um 60%

EnBW Neue Strategie
Anmeldung ... zur Stilllegung

2014 Innovations Campus

Füllstands überwachen u. Kellkonn

Virtuelle Kraftwerke

WLAN
Notruf
Ladekabel
Big Data
Schlaue Straßen-laterne
verkauft an 80 Kommunen u. Stadtwerke

... Aufbruch in eine neue Geschäftswelt
und den Wandel der Kultur "
Frank Mastiaux, Vorstandsvorsitzende EnBW

Größe?

Titel

Wieviel Elemente?

Innovations Campus   Die Lösung?

Zusammenfassung - 0. Statement

Das sieht doch nach einem guten Plan aus.

Ich zeige Ihnen auf den nächsten Seiten, wie ich ohne viel Aufwand mit der Android-App Skizze und der Collagen-App Moldiv eine Infografik gebaut habe. Sie können auf dem iPad auch die App Paper verwenden. Hauptsache, Sie können gut darauf schreiben und Elemente transformieren.

Ich werde die Infografik später aus fünf Einzelbildern zusammensetzen und starte daher mit dem Titelbild. Dazu fülle ich mit dem Farbeimer den Hintergrund.

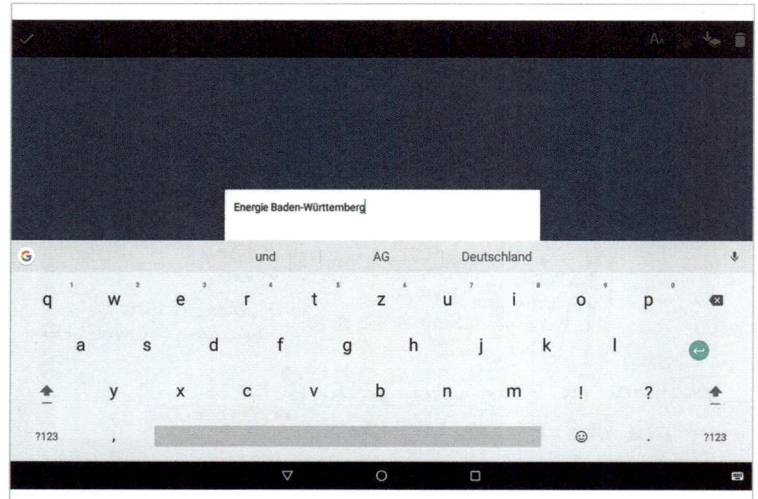

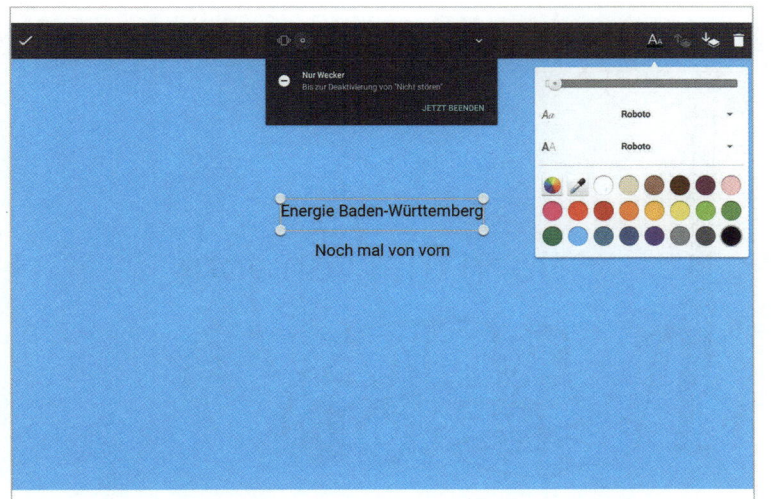

In der App Skizze können Sie mit dem »T«-Werkzeug Text eingeben. Mit dem »A«-Symbol oben links können Sie die Textgröße mit dem Regler ändern und Ihre Wunschfarbe auswählen.

Der Text wird immer automatisch auf einer neuen Ebene gespeichert. Ich möchte zu dem Titel noch ein Bild als Blickfang zeichnen. Dazu lege ich eine weitere Ebene an und zeichne mit einer schwarzen Kontur, setze Glanzeffekte mit Weiß und zum Schluss noch etwas Schatten.

So sieht das fertige Titelbild aus.

Auf dem nächsten Bild möchte ich die ganzen Fakten unterbekommen. Laut meiner Skizze brauche ich zwölf Felder. Um mich beim Zoomen auf der Zeichenfläche nicht zu verlieren, blende ich mir ein Karomuster ein. Das können Sie einstellen, wenn Sie auf die Hintergrundebene tippen und eines der vorgeschlagenen Muster auswählen.

Auf einer weiteren Ebene zeichne ich mit dem Bleistift eine Einteilung in zwölf Felder. Später kann ich die Ebene wieder löschen.

Zum Zeichnen erzeuge ich eine weitere Ebene und stelle durch Tippen auf die Ebene sicher, dass ich wirklich auf der richtigen Ebene arbeite.

Mit etwas Farbe und Schatten, sieht es gleich viel besser aus. Und fertig ist das zweite Bild.

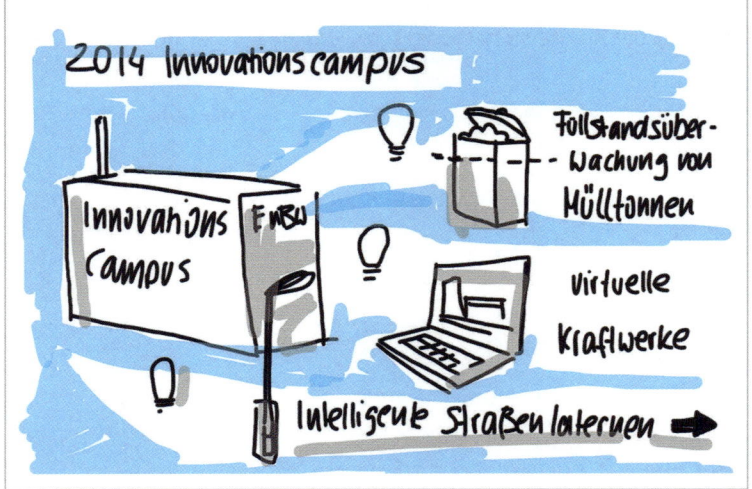

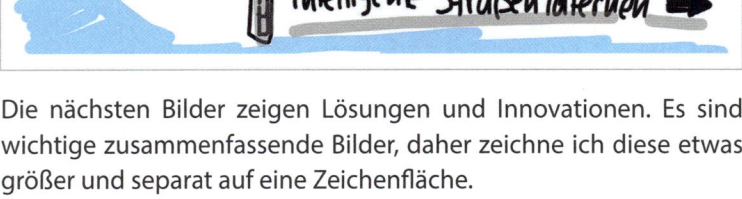

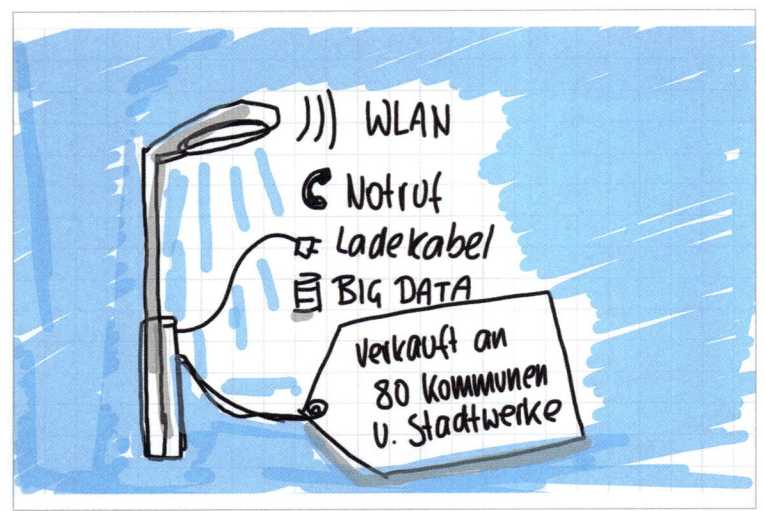

Die nächsten Bilder zeigen Lösungen und Innovationen. Es sind wichtige zusammenfassende Bilder, daher zeichne ich diese etwas größer und separat auf eine Zeichenfläche.

Auf dem letzten Bild schreibe ich das Schlusswort, speichere auch dieses Bild und exportiere es, indem ich auf »Als Bild exportieren« tippe. Das wiederhole ich mit allen fertigen Bildern. Erst dann erscheinen die Bilder in den Fotos.

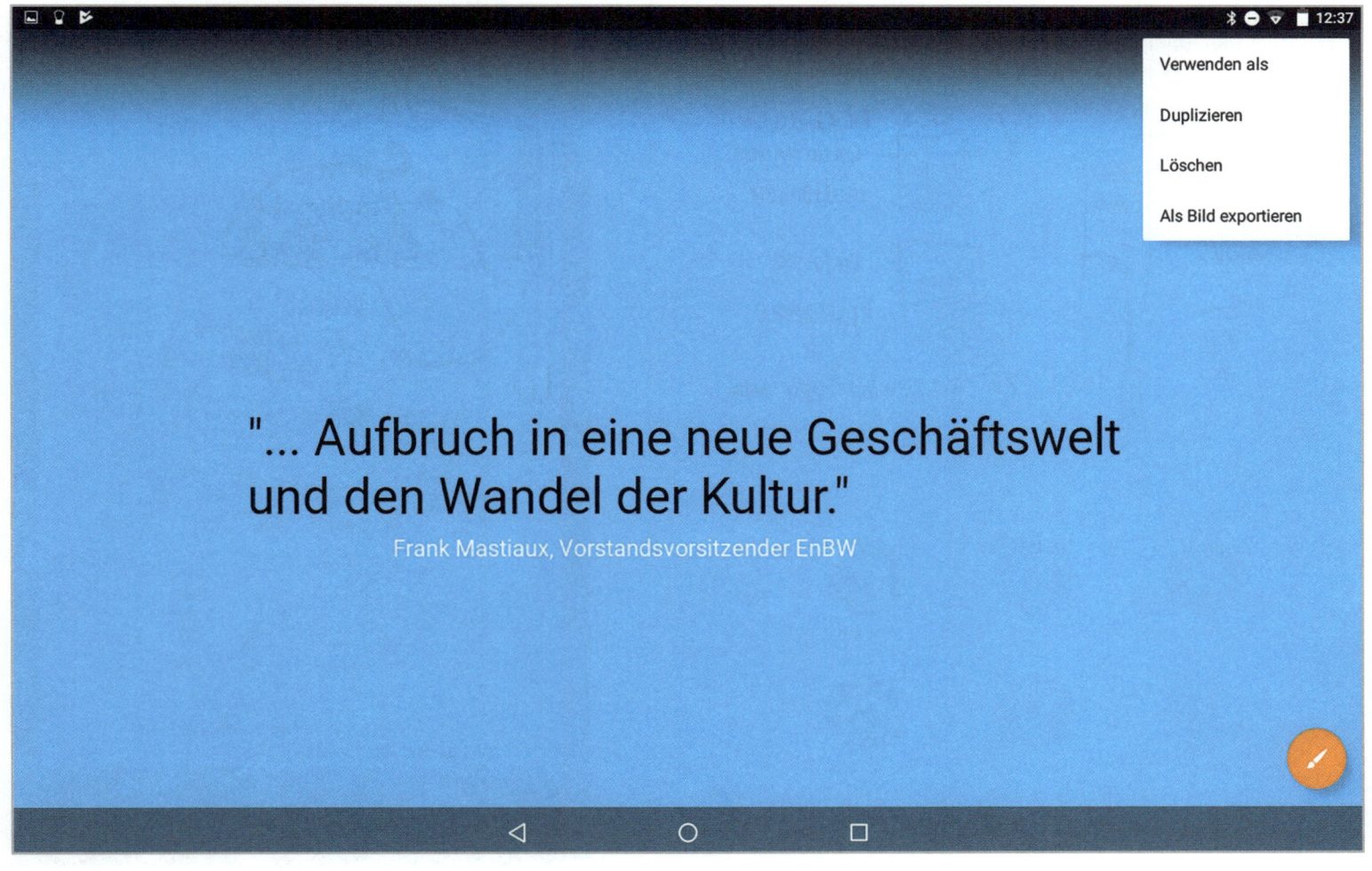

Mit der Foto-App Moldiv (Android und iPad) können Sie Collagen aus Ihren Fotos, oder Ihren Zeichnungen erstellen.

Wenn Sie auf »Collage« tippen, gibt es verschiedene vorgefertigte Raster, die Sie verwenden können. Sie können dort »Stitch« auswählen, um mehrere Bilder einfach direkt untereinander zusammenzusetzen. Das ist perfekt, um Infografiken für Pinterest zu erstellen.

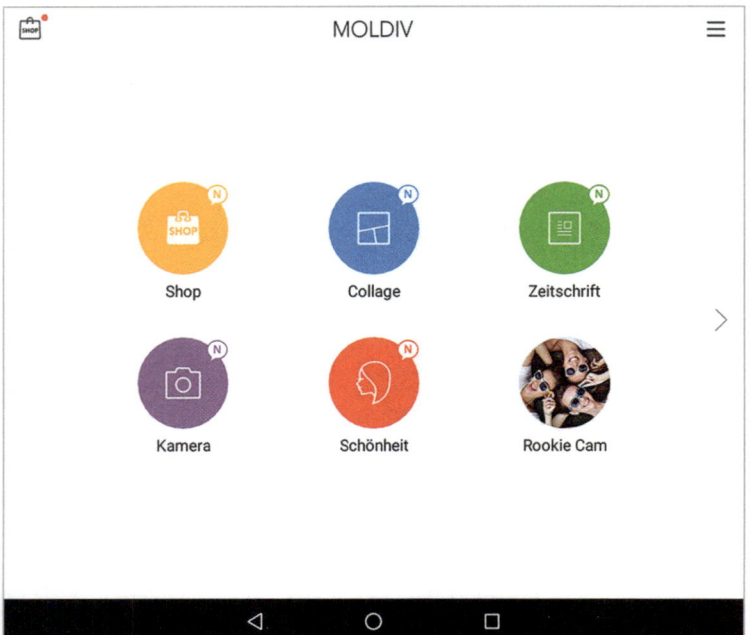

Für diese Infografik war kein passender Layoutvorschlag dabei, also wählte ich »Freestyle«. Nachdem ich die gewünschten Bilder importiert hatte, sortierte ich sie auf der Fläche. So richtig wollten die Bilder nicht auf die Fläche passen, also verlängerte ich die Fläche, indem ich auf »Anpassung« tippte und den Regler verschob, bis alles so aussah, wie ich es haben wollte.

Baumdiagramm

Ursprung....

Prozess

Ziel: ᴜᴜ ᴜᴜᴜ

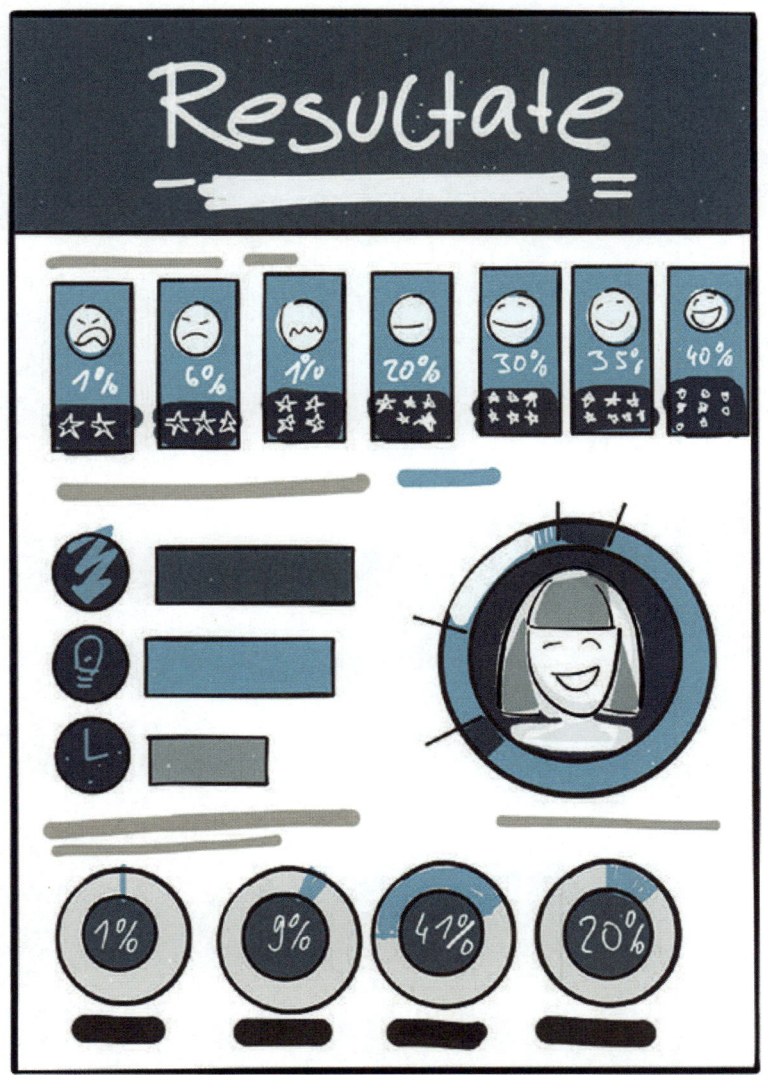

Es gibt noch weitere Möglichkeiten, Ihre Daten und Fakten darzustellen: Ein Baumdiagramm zeigt gut, wie Dinge zusammenhängen. Ein Prozess, führt von Anfang bis zum Ende durch eine Entwicklung. Resultate lassen sich am einfachsten mit Diagrammen darstellen. Diagramme sind weniger kühl und langweilig, wenn Sie sie mit Emotionen und Geschichten kombinieren.

9. Visuelle Meetings

Visuelle Meetings – digital erfolgreich

Marko Hamel
visualselling.de

Co-Creation geht visuell ...

Der Wandel ist längst da – gerade im B2B-Geschäft verändern sich Kundengespräche enorm. Die Kunden sind dank Internetrecherche und B2B-Einkaufsplattformen vielseitig informiert. Häufig entscheidet nur der Preis!

Es sei denn, Sie sind als Anbieter ganz vorne dabei, Sie kennen Ihren Wettbewerbsvorteil und Sie sind bereit, mit Ihren Kunden Neuland zu betreten. Es geht ums Gewinnen – auf beiden Seiten. Sie heben gemeinsam den Schatz der besten Lösung. Aus dem klassischen »Selling« wird »Co-Creation«!

In diesem Kapitel werden Sie zum Anbieter, der die Kunden versteht und die beste Lösung mit ihnen gemeinsam erschafft. Sie identifizieren die Probleme Ihrer Kunden und entwickeln gemeinsam die beste Lösung.

Alles was Sie brauchen, ist eine Möglichkeit, Verstecktes sichtbar, Komplexes einfach und Gespräche zielführend zu gestalten.

Live-Visualisierungen im Kundengespräch direkt auf dem Tablet sind hier der entscheidende Katalysator, um dies zu erreichen und so fast spielend die beste Lösung zu entwickeln.

Ihr Start in das visuelle Kundengespräch: vor Ort

Obwohl visuelle Kundengespräche auch analog auf dem Flipchart oder Whiteboard funktionieren, hat das digitale Arbeiten auf dem Tablet einzigartige Vorteile:

- Die Projektionsfläche und damit die Gruppengröße sind skalierbar.
- Sie können einfach Veränderungen an den Visualisierungen vornehmen.
- Die Ergebnisse stehen sofort digital zur Verfügung.
- Während einer Demonstration ist ein nahtloses Umschalten auf andere digitale Ressourcen (Webseite, App, Dokumente) möglich.
- Sie haben immer alle Farben dabei.
- Sie können Ihre Arbeitsumgebung perfekt vorbereiten.
- Sie reisen mit leichtem Gepäck.
- Auch online brauchen Sie nur dieses eine Gerät, und Sie können live visualisieren.

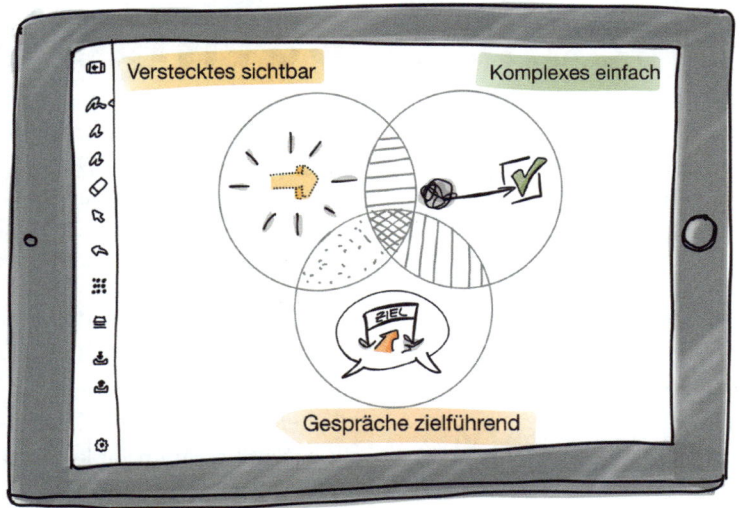

Meine Lieblings-Apps für visuelle Kundengespräche am iPad sind: Paper und Concepts – Smarter Sketching.

Paper glänzt durch seine Einfachheit. Gerade wenn Sie Ihr erstes visuelles Kundengespräch am Tablet durchführen, benötigen Sie Tools, die so funktionieren, wie Sie es in der analogen Welt gewohnt sind. Stiftkappe abnehmen – und los geht's.

Und falls Sie mehr Flexibilität brauchen – dann ist Concepts die absolut richtige Wahl. Es bietet eine unendliche Arbeitsfläche und somit viel Raum zum Visualisieren im Kundengespräch.

Manchmal nimmt ein Meeting eine unerwartete Wendung oder es entstehen komplett neue Zusammenhänge – mit Concepts hat Ihr Blatt kein Ende und Sie bleiben im Fluss. Da Sie mit Vektoren arbeiten, lässt sich jeder einzelne Strich später noch korrigieren. Bereiche können zusammengefasst, verkleinert, gedreht und verschoben werden. Sie haben das Gespräch in der Hand – und es macht unheimlich viel Spaß. Und dank des COPIC-Farbrades finden Sie immer die passenden Farbkombinationen.

Die Tools reichen vom Füller, über den Stift, Marker, Bleistift, das Füllwerkzeug und Wasserfarben bis hin zum Airbrush. Auch ein Text-Tool zur Eingabe von Anmerkungen ist vorhanden.

Da in Kundengesprächen – gerade beim gemeinsamen Erarbeiten eines Themas in der Gruppe – die Arbeit an einem Tablet nicht praktikabel ist, benötigen Sie die große Leinwand.

Zum Anschluss des Tablets an den Beamer brauchen Sie nur einen Adapter auf HDMI, und schon können Sie starten (A). Falls Sie ein iPad nutzen, gibt es noch eine weitere tolle Möglichkeit: Visualisieren Sie einfach drahtlos! (B) Bewegen Sie sich im Raum und begeben Sie sich in die Gruppe. Ein Apple TV empfängt Ihre Visualisierungen drahtlos über AirPlay und schickt diese per Kabel an den Beamer. Ihre Visualisierung ist ganz groß sichtbar, und zwar live. So können Sie Ihre Kunden in den Bann ziehen und das Gespräch zielgerichtet aus jeder gewünschten Position zu Ergebnis führen.

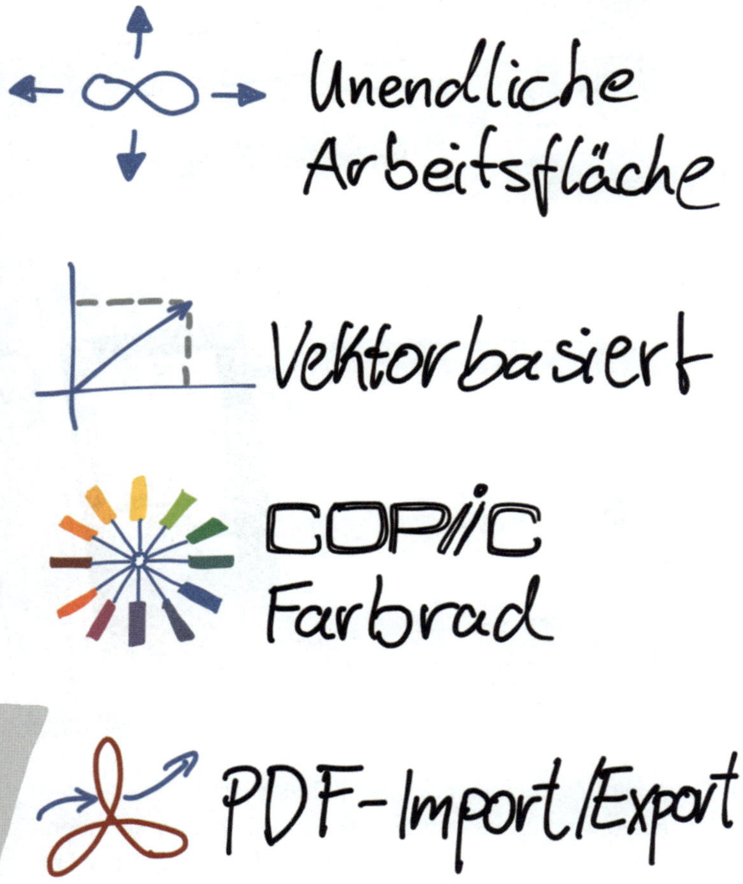

Unendliche Arbeitsfläche
Vektorbasiert
COPIC Farbrad
PDF-Import/Export

… und virtuell

Vielleicht kennen Sie das auch: Ihr Terminplan ist gut gefüllt. Dann wird noch ein weiteres wichtiges Meeting angesetzt. Leider ist der Ort 300 km weit entfernt. Das bedeutet vier Stunden auf der Autobahn hin und vier Stunden zurück. Also ein ganzer Arbeitstag auf der Straße wegen eines einstündigen Gesprächs. Der Termin ist wichtig – daher bleibt nur eins: das Telefon oder eines dieser meistens nur wenig effizienten Online-Meetings mit Online-PowerPoint-Folien-Show und knackender Telefonleitung.

A
HDMI
B
WIRELESS
tv

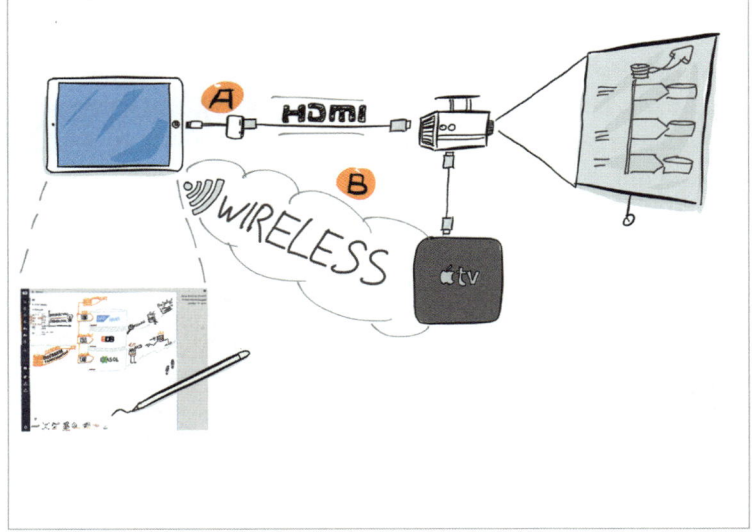

Zum Glück, gibt es noch eine weitere Möglichkeit: Da Sie auf dem Tablet arbeiten, können Sie leicht in den virtuellen Raum springen.

Nutzen Sie die Kraft der Bilder und den Prozess bei der Entstehung eines gemeinsamen Verständnisses – auch im virtuellen Raum. Neben dem Tablet benötigen Sie nur noch eine geeignete Online-Meeting-Lösung, die das Teilen von Bildschirminhalten und gute Videokonferenzen ermöglicht.

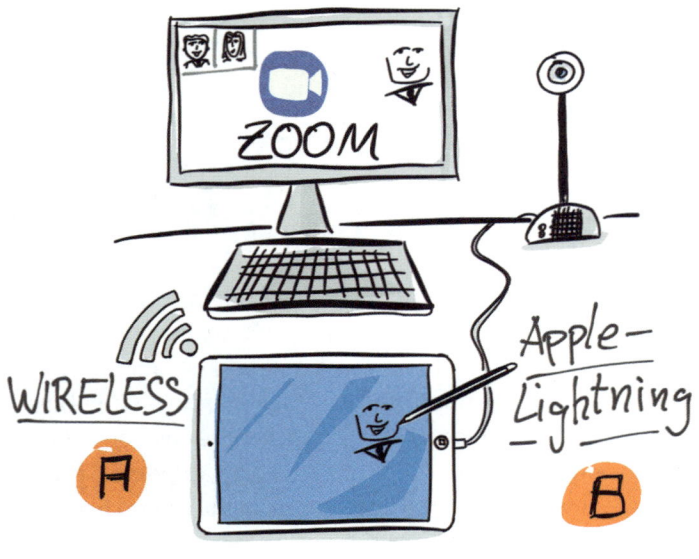

Wir nutzen am liebsten die Online-Konferenz-Lösung Zoom. So können Sie Kundenmeetings mit einer Vielzahl an Teilnehmern durchführen, können einfach Videofunktionalitäten nutzen und Ihren iPad-Bildschirm ohne weitere Software direkt den Teilnehmern zeigen und live visualisieren.

Falls Sie ein Android/Windows-Tablet oder eine andere Online-Meeting-Software als Zoom nutzen, benötigen Sie eine zusätzliche Software, um den Bildschirm Ihres Tablets und somit Ihre Visualisierungen in Echtzeit auf Ihrem Rechner in einem Fenster darzustellen und mit den anderen Gesprächspartnern zu teilen. Hierfür eignen sich Reflector2 oder AirServer hervorragend. Beide Programme können Bildschirminhalte von iPads (über AirPlay) und Android-bzw. Windows-basierten Tablets (über Miracast) empfangen und laufen auf Windows und Macs. Nachdem die Technik nun feststeht, kann es ins Kundengespräch gehen.

Visual Discovery – auf der Suche nach den Zusammenhängen

Ein gutes Kundengespräch steht für eine Reise, auf die Sie Ihre Kunden mitnehmen. Sie helfen ihnen das große Ganze und die Zusammenhänge zu sehen. Sie lösen Missverständnisse auf und bringen Klarheit in den Dialog. Dank der Live-Visualisierung in Kombination mit einer effizienten Fragetechnik entdecken Sie das wahre Kundenproblem – ein Problem, das die Kunden häufig aufgrund des fehlenden Perspektivenwechsels so noch gar nicht vor Augen hatten.

Diese Phase im Kundenvertriebszyklus nennt sich Visual Discovery. Sie ist der Anfang einer jeden guten Kundenbeziehung und begleitet diese. Erst wenn hier Klarheit besteht, kann überhaupt eine Präsentation durchgeführt und eine Entscheidung erzielt werden.

Begeben Sie sich auf die Suche nach den echten Themen der Kunden, und nutzen Sie dafür den »Visual Selling® Sales Punch«. Der Punch besteht wie sein Namensgeber (pañc [Hindi] = »fünf«) aus genau fünf unterschiedlichen visuellen Phasen:

1. Kontext … erfragen
2. Aktionen … verstehen
3. Werte … hinterfragen
4. Identität … offenlegen
5. Wunsch … visualisieren

Alle fünf Zutaten sind essenziell. Sie geben sie nacheinander in das Gespräch und lösen so das Problem – ganz unten im Glas – vor den Augen der Kunden auf. Sie führen sie so mit dem Stift über ihren Wunsch zu dem Kernproblem, das sie von der Erfüllung abhält. Anschließend besprechen Sie mögliche Auswirkungen und entwickeln gemeinsam Lösungsstrategien. Der »Visual Selling® Sales Punch« ist eine Reise auf Augenhöhe mit echtem Interesse an Ihrem Gesprächspartner.

Sie stellen Fragen und visualisieren die Antworten Ihres Partners live auf dem Tablet.

Gehen Sie durch jede der Phasen und nutzen Sie den visuellen Gesprächsleitfaden, um von Ihren Kunden die richtigen Sprachbilder zu erhalten.

Am besten arbeiten Sie in Concepts auf dem endlosen Canvas, um ganz viel Platz in alle Richtungen zu haben. Im Anschluss konkretisieren Sie die Inhalte nochmals. Hierfür haben wir die »Visual Discovery«-Spirale entwickelt. Ihre Kunden sehen alle Ergebnisse und Sie visualisieren gemeinsam den Weg zur Lösung: von der Situation über den Kundenwunsch, das Problem und dessen Auswirkungen hin zur Lösung. Zum Abschluss fehlen noch die nächsten Schritte, und Ihre Kunden werden Ihnen diese Visualisierung aus der Hand reißen. Sie löst ihr Problem, und Sie haben ihnen dabei geholfen, zur Lösung zu finden. Ihre Kunden werden die Story in ihrem Unternehmen weitererzählen und ohne Ihre Anwesenheit das Thema in das Unternehmen tragen.

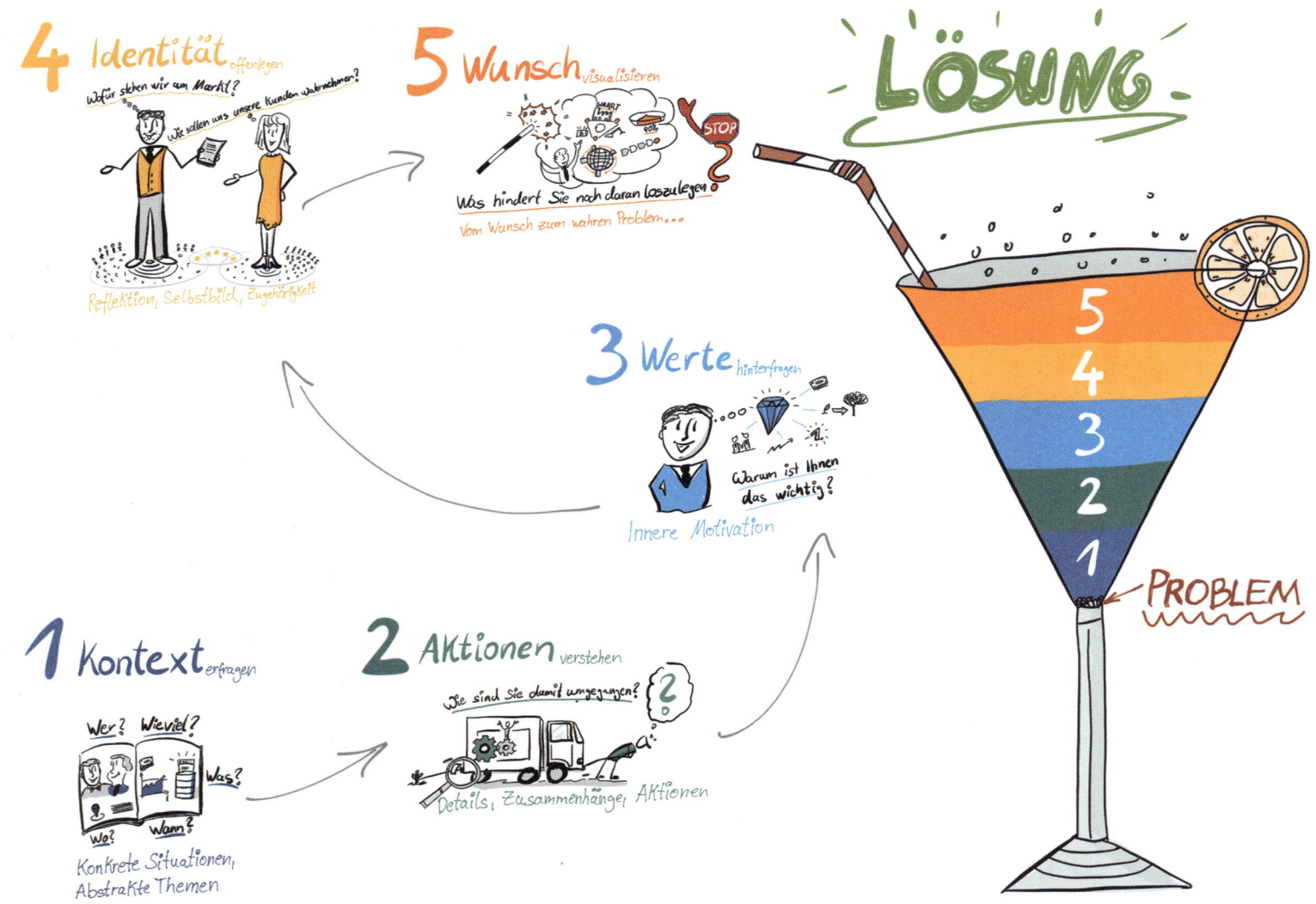

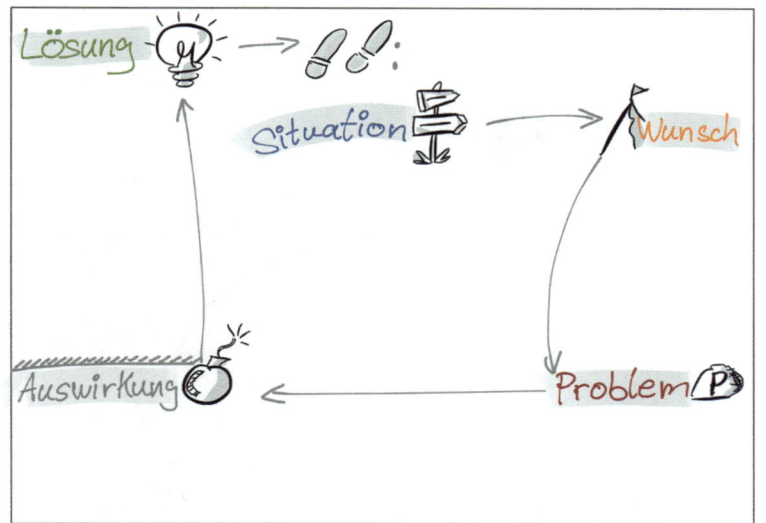

Die nachfolgende Visualisierung zeigt ein echtes, anonymisiertes Kundenbeispiel aus dem Bereich digitales Lieferantenmanagement.

Die Kunst ist, in jedem Gespräch das Augenmerk auf wesentliche Inhalte zu legen und dazu aus dem Kopf passende Bilder für den Gesprächspartner zu Papier zu bringen. So entsteht im Kundengespräch eine Verständigung auf visueller Ebene, die Emotionen weckt, Begeisterung auslöst und wirkliches Verstehen ermöglicht – erfolgreiche Geschäfte inklusive.

Wie geht es weiter?

Wenn Sie Visual Discovery im Kundengespräch konsequent anwenden, verkaufen Sie keine Produkte mehr, sondern gestalten gemeinsam mit Ihren Kunden ganz neue Ideen, die Sie beide voranbringen. Sie werden zum Strategiebegleiter.

Nachdem Sie das wahre Kundenproblem erarbeitet haben, ist der Grundstein für die erfolgreiche Kundenbeziehung gelegt. Sie kennen den Ausgangspunkt der gemeinsamen Reise (das Problem), Sie wissen, wo Ihre Kunden hinmöchten (das Zielbild), und Sie haben sich eine Route überlegt (den Weg zum Kundenziel). Wie bei jeder Reise gilt: Es gibt auch nicht planbare Ereignisse. Während der Präsentation von Lösungen werden Ihre Kunden weitere Wünsche äußern. Diese gilt es aufzunehmen, live zu visualisieren – und jederzeit bereit zu sein für ganz neue Perspektiven. Das erspart später Einwände und bringt viele tolle Aha-Momente und gute Abschlüsse.

Weitere Tipps finden Sie hier:
Visual Selling® Expertguide #2:
»Wie sich erfolgreiche Unternehmen noch besser von der Konkurrenz abheben können« :
bit.ly/aufdemtablet-2

Wenn Sie noch mehr über Live-Visualisierung in Vertrieb, Kundenberatung und Marketing erfahren möchten, schauen und üben Sie an Fallbeispielen im Buch »Visual Selling – Das Arbeitsbuch für Live-Visualisierungen im Kundengespräch« von Miriam und Marko Hamel, Wiley-VCH Verlag (Oktober 2016).

10. Präsentieren

Geschichten erzählen und in Bildern sprechen
Wie Sie mit dem Story Canvas inspirierende Präsentationen bauen

Dr. Reinhard Ematinger

Gute Geschichten sind planbar – na gut, zum Teil

Wir erzählen den ganzen Tag Geschichten ... um etwas zu erklären, um etwas deutlich zu machen, um Freunde, Kollegen, Kunden und Partner zum Mitdenken oder Mitmachen anzuregen. Wollen wir jemandem unsere guten Ideen, unsere halbfertigen Konzepte, unsere brauchbaren Produkte oder Services näherbringen, brauchen wir eine gute Geschichte. Eine Geschichte, die begeistert. Die zu nächsten konkreten Schritten motiviert. Die weitergetragen wird. Die sich beinahe von selbst multipliziert.

Eine Geschichte, für die es sich lohnt, ein wenig Zeit und Aufwand in eine strukturierte Vorbereitung zu investieren und sich Gedanken zu unseren Zielen, den Absichten der Zuhörer, dem »Vorher« und »Nachher« und dem Aufbau zu machen.

Hund oder Schwänzchen: Wer wedelt womit?

Gerade im Unternehmenskontext haben wir es uns vor und hinter dem Bildschirm mächtig bequem gemacht, da sich beide »Seiten« einer Präsentation – Täter und Opfer, wenn Sie so möchten – an das Gleichgewicht des Schreckens in Form staubtrockener und mit vielen beeindruckenden Zahlen und Tabellen versehener Präsentationen gewöhnt haben. Schnelle Skizzen und einfache Illustrationen galten viel zu lange als zu kindlich-verspielt in einer Five-Shades-of-Grey-Umgebung. Wo sind wir da falsch abgebogen? Und, warum?

Große Sorgen, dass wir keine geborenen Geschichtenerzähler wären, brauchen wir uns nämlich nicht zu machen. Sind wir. Oder, im schlimmsten Fall: waren wir, und mit ein wenig Übung und Vorbereitung werden wir das wieder. Nicht nur deswegen sollten wir uns nicht hinter mehr oder minder brauchbaren Werkzeugen, verstecken: PowerPoint, Keynote und Prezi Next sind Werkzeuge. Hilfsmittel. Sie waren nie als Ersatz für eine runde, verständliche, motivierende Präsentation von und mit echten Menschen gedacht ... lassen Sie sich da nichts einreden.

Auch wenn die werte Autorin ihr wundervolles iPad samt Paper-App und formschönem Aluminiumstift heiß und innig liebt, es ist ein Hilfsmittel. Eines, das Sie bestens unterstützen wird, aber Gedanken zu Struktur, Zielgruppe, Beginn und Ende einer Geschichte niemals ersetzen wird. Also: ans Werk!

The Story Canvas

Created for _____   Created by _____   nb!

The Subject	Your Intro	Your Points	Your Extro
The Goal			
The Audience	**Before**		**After**

Hier können Sie das
Story Canvas herunterladen:
bit.ly/aufdemtablet-0

Wie Sie mit dem Story Canvas Geschichten konstruieren

Wir skizzierten, bauten und testeten das Story Canvas ausgiebig, um Ihnen nun ein brauchbares Werkzeug an die Hand zu geben, mit dem das Konstruieren von inspirierenden Geschichten flott von der Hand geht. Unabhängig vom hinterher verwendeten analogen oder digitalen Medium begleiten die acht Bausteine des Story Canvas Sie beim Entwerfen und Testen Ihrer Geschichte, egal ob Sie Ihre Präsentation alleine oder im Team vor- und nachbereiten.

Ein Aufwand von 30 bis 45 Minuten ist unserer Erfahrung nach realistisch. Wenn Sie neben dem Story Canvas im Format A0 oder A1 auch Haftnotizen in 75x75-Standardgröße und Stifte wie Edding 68 in Griffnähe haben, kann's losgehen. Zum Skizzieren erster Gedanken ist die Größe A3 oder A4 ebenfalls fein. Bereit?

Baustein 1: Das Thema

Der einfachste Teil, zum Aufwärmen. Was ist Ihr Thema? Beispielsweise »Unser Geschäftsmodell für eine App, die das Lernen für Klausuren revolutionieren wird« oder »Erste Schritte in der visuellen Kommunikation mit Stift und Flipchart in 8 Minuten« oder »Die Produktivität von Teams mit zenkit.com mühelos steigern«.

Sammeln Sie zuerst Impulse und – auch gerne kontroverse – Ideen, und feilen Sie am knackigen Titel erst im zweiten Schritt. Das Feld im Canvas ist groß genug für mehr als nur zwei, drei einsame Haftnotizen. Versprochen.

Baustein 2: Ihr Ziel

Auf den ersten Blick eine eher schlichte Frage: Was ist Ihr Ziel? Warum erzählen Sie diese Geschichte? Was genau wollen Sie erreichen – egal ob realistisch, vermutlich machbar oder völlig utopisch? Auf den zweiten Blick und besonders bei der Arbeit im Team ist das eine Frage, bei der es sich genauer hinzusehen lohnt. Antworten wie »Ich will ja bloß informieren« sind ... wie soll ich sagen. Verteilen Sie Flugblätter, wenn Sie »bloß informieren« möchten. Da sind Sie in urbaner Umgebung an der frischen Luft und treffen viele nette Menschen.

Sie haben etwas zu sagen, und erwarten daher auch eine Gegenleistung von Ihrem Gegenüber – egal ob Sie fünf oder fünftausend Menschen adressieren. »Meine Kollegen zum Überdenken des bisherigen Vertriebskonzeptes anregen« oder »Mein Partnerunternehmen zum Ansprechen der fünfzig treuesten Fans motivieren« oder »Bis Freitag umsetzbare Vorschläge einsammeln, wie wir wieder vom Kunden aus denken« sind Ziele, für die es sich vorzubereiten und aufzutreten lohnt.

Baustein 3: Ihre Zielgruppe

Was uns zur Zielgruppe führt. Ihre eigenen Ziele zu kennen ist die halbe Mieze, äh Miete. Die Zielgruppe zu kennen ist die andere Hälfte. Wer sind sie und wenn ja, wie viele? Was treibt Ihre Zielgruppe um? Was schmerzt sie und was ist hochwillkommen? Warum sollte sie Ihrem Vortrag oder Ihrer Präsentation lauschen? Sammeln Sie, besonders beim Befüllen das Canvas' im Team, Ihre Erkenntnisse aus vergangenen Präsentationen. Es gibt kein Richtig oder Falsch, nur ein Lernen aus gelungenen und nicht so gelungenen Vorträgen.

Die eine und einzige Geschichte, die für alle Zielgruppen perfekt passt, existiert nicht. Die passt dann eher ... nirgends. Trotzdem müssen Sie nicht immer alles neu erfinden. Niemand verbietet Ihnen, in Modulen zu denken und zu planen: Passen Sie Ihre Geschichte an das Publikum an, indem Sie Zehn-Minuten-Happen bauen und diese immer wieder passend zu einem Vortrag zusammenstellen.

Bausteine 4 und 5: Vorher und nachher

Bestimmt wollen Sie etwas bewegen: Ihre im vorherigen Schritt sorgfältig definierte Zielgruppe soll hinterher informierter (wehe ... war ein Scherz), tatendurstiger, aufgeweckter, verständnisvoller, angeregter, zustimmender, inspirierter sein und etwas anpacken wollen. Eine Frage, die ich Kunden, Veranstaltern und Auftraggebern gerne stelle, lautet: »Was ist nachher besser als vorher?« Was dachte und wusste und fühlte Ihr Publikum (vermutlich) vorher, und was denkt und weiß und fühlt es (hoffentlich) nachher?

Der Baustein 2 beschreibt Ihre Ziele aus Ihrer Sicht. Die Bausteine 4 und 5 hingegen beschreiben Ihr Publikum vor und nach Ihrer Präsentation, aus dessen Sicht. Finden Sie heraus, was für Ihre Zuhörer tatsächlich relevant und essenziell ist, und lassen Sie alles andere weg. Eine 80 %-Lösung ist mehr als ausreichend.

Bausteine 6 bis 8: Das Intro, Argumente und Schluss

Gute Geschichten brauchen eine Einleitung, einen Hauptteil und einen Schluss. So einfach ist die Welt. Mit dem Intro setzen Sie den Rahmen für alles, was kommt. Worauf wollen Sie Ihre Zuhörer hinführen? Wo wollen oder müssen Sie sie abholen? Wie beginnt ein handelsüblicher 007-Film? Genau. Zack. Bumm. Tempo. Sofortige ungeteilte Aufmerksamkeit. Können Sie sich James Bond mit einem gedrucksten »Schön, dass Sie heute in dieser <grässlichen Stadt Ihrer Wahl> so zahlreich erschienen sind, und ich beginne jetzt mal, hier eine Agenda« vorstellen? Na eben. Notieren Sie im Baustein 6, wie ein idealer Start aussieht und was es dafür braucht.

Ihre wichtigsten Argumente sammeln Sie im Baustein 7 des Canvas. Es reichen wenige gute Argumente: Wer 14 »gute« Punkte vorbringt, ist schlicht unentschlossen und verwässert die Top-Argumente bloß durch weniger aussagekräftige. Bereiten Sie lieber drei wirklich gute Argumente in aufsteigender Reihenfolge ihrer Wirksamkeit vor. Und, bereiten Sie sie gut vor. Holen Sie die emotionale wie die rationale »Seiten« Ihres Publikums ab. Sprechen Sie in Bildern und nicht wie eine menschgewordene Excel-Datei. Illustrieren Sie mit Beispielen und Anekdoten. Skizzieren Sie, was Ihnen wichtig ist – damit das Publikum Ihnen Schritt für Schritt folgen kann. Man wird Sie lieben.

Der Baustein 8 ist nicht ganz zufällig gerne gesehener Nachbar von Baustein 5, dem »Nachher«. Wie beenden Sie Ihre Ausführungen? Mit einem »Ooooooh, danke, dass Sie mir überhaupt zuhörten«? Oder mit einer zackigen Aufforderung, einem zuversichtlichen Ausblick, einer eleganten Überleitung zum Buffett? Der letzte Eindruck zählt, denn den können Sie kaum noch korrigieren – den ersten Eindruck sehr wohl. Cato der Ältere zeigte, wie's geht: Angeblich jede, aber wirklich jede Rede beendete der alte Römer mit »Im Übrigen bin ich der Meinung, dass Karthago zerstört werden muss«, völlig losgelöst vom eigentlichen Thema. Das Ergebnis? Karthago platt, im Jahre minus 146 des Herrn. Geht ja.

Nicht zuletzt: Der Plan B

Diskutieren und testen Sie Ihre Annahmen über Ihre Zuhörer, deren vermutliche Stimmung, Erwartungen, Hoffnungen, Abneigungen und Vorlieben! Der Aufwand lohnt sich und skaliert wunderbar: Ihre Erkenntnisse und Beobachtungen der letzten Vorträge fließen in die dann deutlich kürzeren und strukturierteren Vorbereitungen der nächsten Termine ein, und Sie können kaum verhindern, stressfrei besser anzukommen. Versprochen.

Ein Plan B schadet trotzdem nicht. Was, wenn Sie als Redner Nummer 17 nur mehr 15 statt der zugesagten 30 Minuten zur Verfügung haben? Was, wenn sich das geliebte MacBook in Rauch auflöst oder das Flipchart abfackelt? Was, wenn der Simultanübersetzer betrunken ist und von seinen schlimmsten Weihnachten brabbelt? Für eine mehr oder minder »standardisierte« und scheinbar spontan aus dem Hut gezauberte Geschichte – egal, ob sie nun perfekt zum Thema passt oder nicht – fliegen Ihnen mehr Herzen zu als für fünf Minuten peinlicher Pause. Gutes Gelingen!

eine Geschichte als (schadet nicht) Annahmen testen

PLAN B

Impulse
knackiger Titel
Thema

Was?
Warum?

Geschichten erzählen und in Bildern sprechen
wie Sie mit dem Story Canvas inspirierende Präsentationen bauen

zackige Aufforderung!

Wer?
Was?
10 min Happen

Was ist relevant?
VORHER
NACHHER
Was wollen sie bewegen?

Präsentationen mit dem Tablet basteln

Reinhard Ematinger zeigte Ihnen sehr unterhaltsam, wie Sie Ihre Präsentation inhaltlich entwickeln. Sie wissen nun, was Sie erzählen möchten, und Sie wissen, wie Sie es darstellen? Gut. Wenn nicht, blättern Sie noch mal ein paar Seiten zurück.

Aus den Illustrationen des vorigen Buchbeitrags habe ich Präsentationen gebastelt. Eine Präsentation habe ich mit TAWE erstellt, einer App für Android und iOS-Tablets, eine weitere mit VideoScribe Anywhere (leider nur für iOS).

Die Illustrationen zeichnete ich mit Paper (weil es mir leichter von der Hand geht), dann habe ich sie als Bilder in meinen Fotos auf dem Tablet gespeichert.

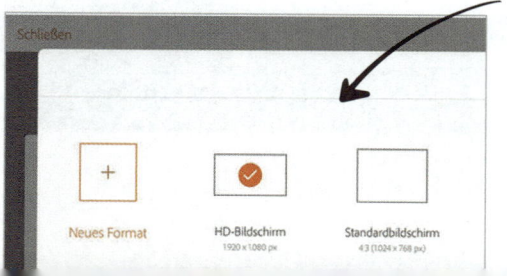

Ein Gesamtbild habe ich mit Adobe Draw erstellt, indem ich die Bilder einzeln importiert habe. Die Zeichenfläche sollte das Format »HD-Bildschirm« haben. Auf weiteren Ebenen habe ich noch Text hinzugefügt.

Achten Sie darauf, um die Bildelemente etwas Weißraum zu lassen. Wenn Sie in das Bild hineinzoomen und ringsherum keine Bildfetzen von den Bildnachbarn liegen, haben Sie alles richtig gemacht.

Wenn nicht, dann können Sie durch Tippen auf die Bildebene und auf »Transformieren« die Position und Größe ändern. Öffnen Sie anschließend die App TAWE.

Präsentation mit TAWE

Um eine neue Präsentation zu erstellen, tippen Sie auf das Bildersymbol und wählen Sie Ihr vorbereitetes Gesamtbild in Ihrer Fotobibliothek aus. Sie können das Bild skalieren und frei bewegen. Zoomen Sie auf den gewünschten Start Ihrer Präsentation.

Ich finde es sinnvoll, mit der Überschrift in der Mitte zu beginnen. Wenn Ihnen die Position gefällt, tippen Sie auf das Symbol mit den zwei Händen. Das ist nun Ihre Szene 1.

Suchen Sie sich den perfekten Ausschnitt für Szene 2 und tippen Sie wieder auf die Hände. Fahren Sie immer so weiter fort, bis Sie alle Szenen im Kasten haben. Ich finde es immer schön, wenn man das Gesamtbild am Ende sieht. Aber Sie führen Regie und bestimmen den Schluss der Präsentation selbst. Wie war das noch mal mit »Karthago muss zertört werden«?

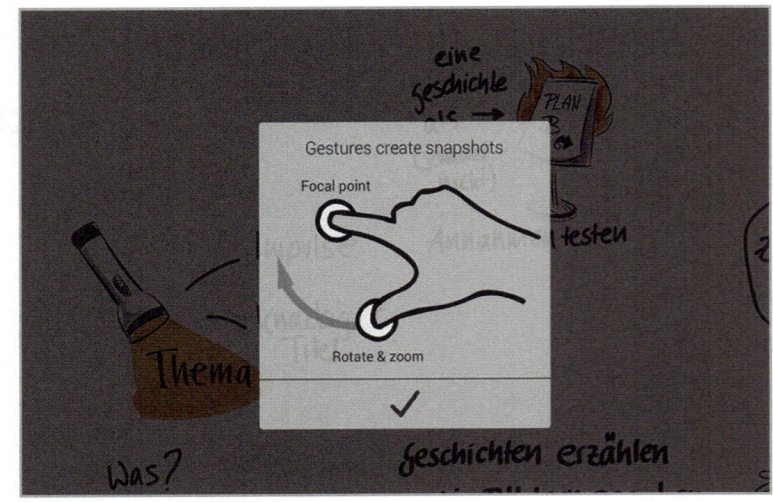

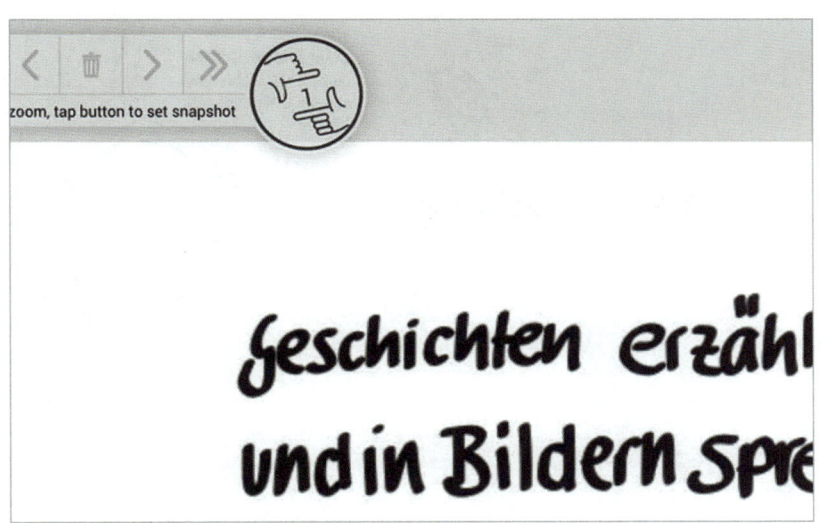

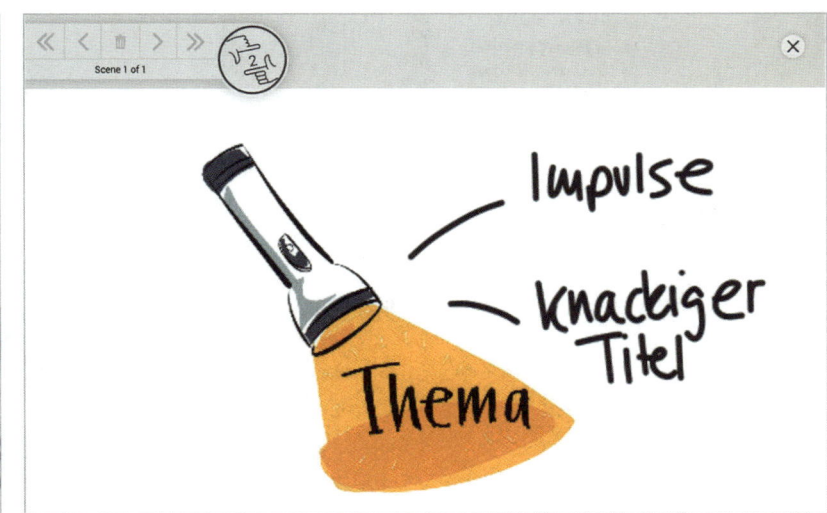

Sie können den Adapter des Beamers anschließen und mit diesem Knopf Ihre Präsentation starten.

Oder Sie veröffentlichen die Präsentation mit diesem Knopf als Film.

Sie möchten die Präsentation noch vertonen? Dann bestätigen Sie mit den Haken. Das Mikrofonsymbol zeigt Ihnen den Weg zur Aufnahme.

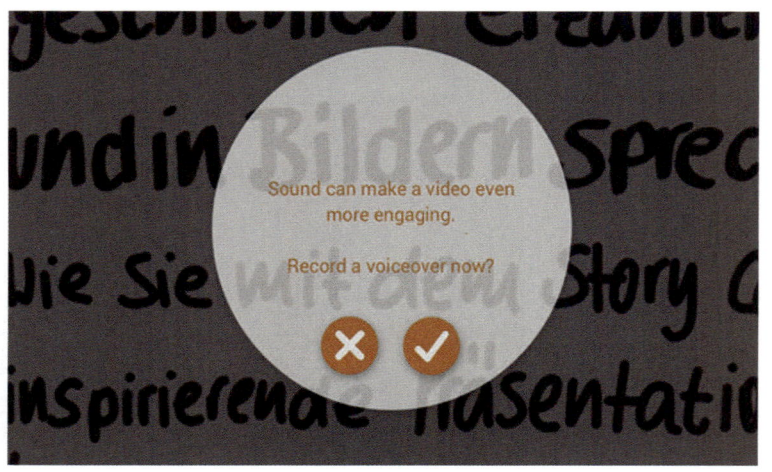

Veröffentlichen und Link versenden. Zack!

Hier können Sie sich das fertige Video anschauen: bit.ly/aufdemtablet-7

Habe ich erwähnt, dass die App nicht gratis ist? Nicht? Na ja, weil es erst etwas kostet, wenn Sie Ihre Präsentation veröffentlichen möchten. Der Hersteller Sparkol bietet Pakete unterschiedlicher Größe an, von etwa 1 € für die Veröffentlichung eines Videos in HD bis über 30 € für 100 Videos. VideoScribe Anywhere fürs iPad ist wiederum gratis, man braucht nur einen Account anlegen und »Free-Version« auszuwählen.

Präsentationen mit VideoScribe Anywhere

Kennen Sie diese Erklärfilme, in denen man eine Hand sieht, die etwas illustriert? Manche nennen diese Art von Film »Whiteboarding«, da die Illustrationen auf Whitebords gezeichnet werden und dabei der Entstehungsprozess abgefilmt wird.

So viel Aufwand möchten Sie nicht betreiben? Dann ist VideoScribe Anywhere perfekt für Sie – vorausgesetzt, Sie besitzen ein iPad. Für Android-Tablets gibt es zwar eine ähnliche App (Whiteboard), die ist aber nicht empfehlenswert. Glauben Sie mir, damit zu arbeiten macht keinen Spaß, denn die Funktionen tun einfach nicht das, was sie sollen.

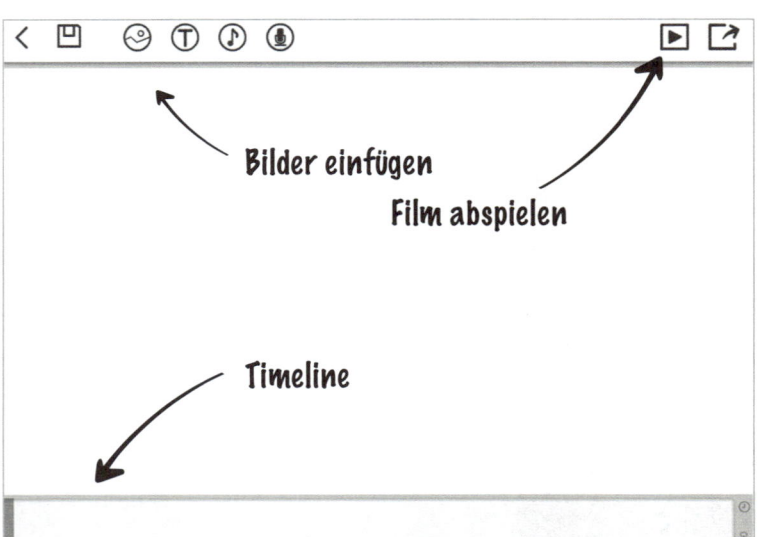

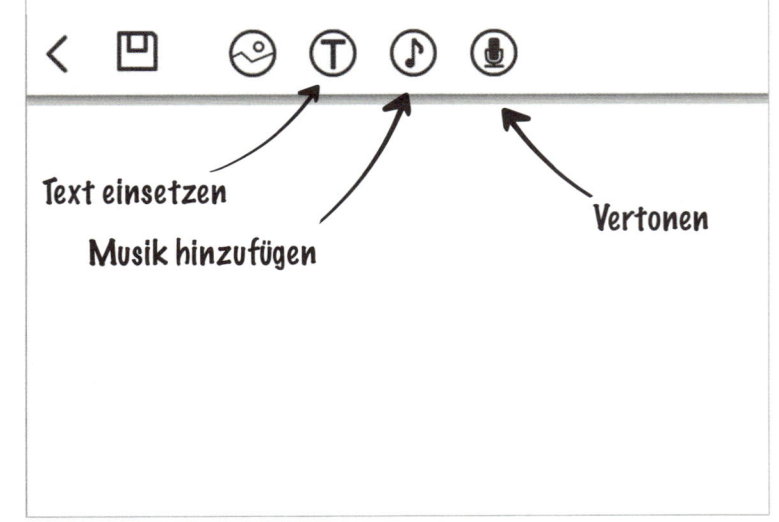

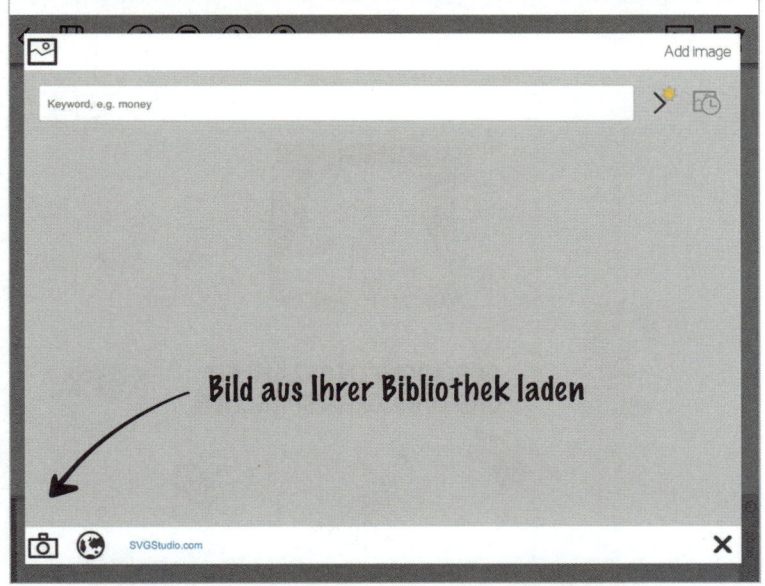

Bild aus Ihrer Bibliothek laden

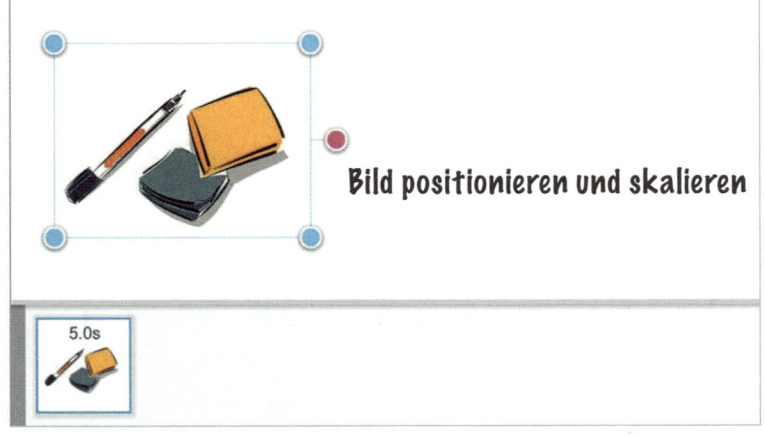

Bild positionieren und skalieren

Text eingeben, positionieren und skalieren

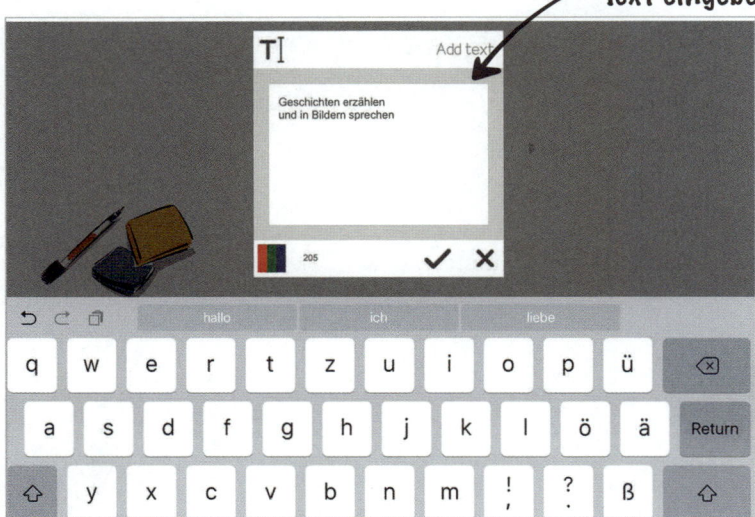

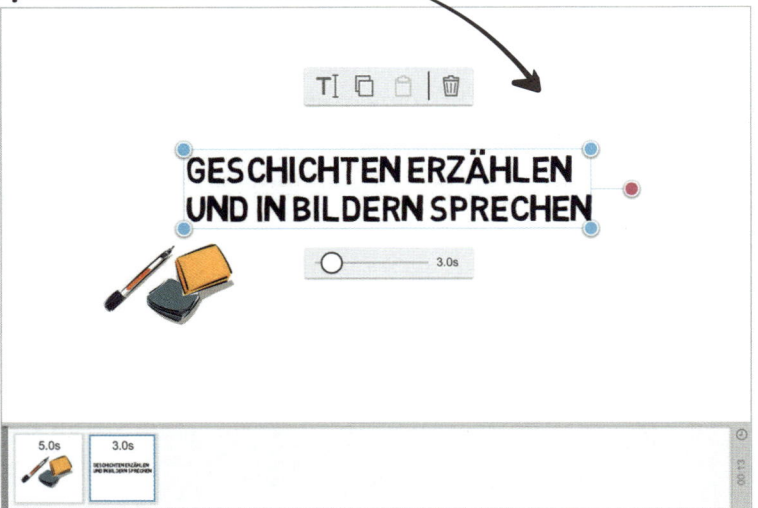

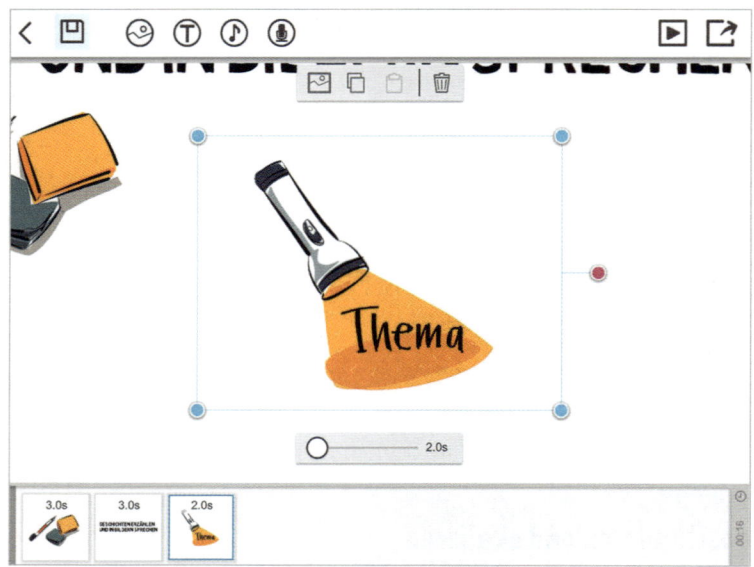

Sie können hier die Reihenfolge der Bilder ändern und die Dauer der Illustration, wie lange das Bild gezeigt und gezeichnet wird.

Überprüfen Sie noch einmal, ob die Position, Größe und Dauer für Sie optimal ist.

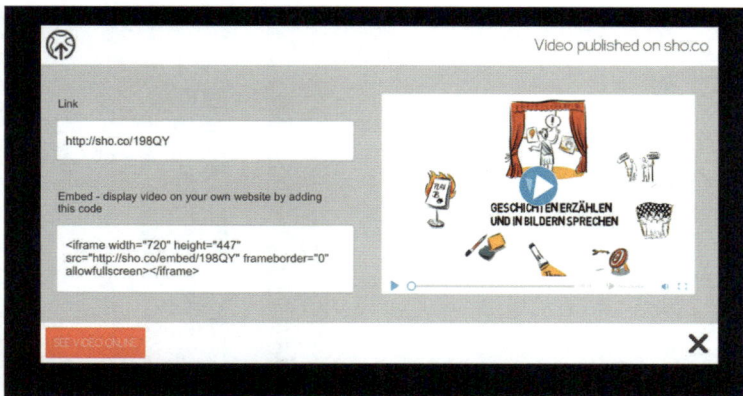

Möchten Sie die Präsentation hochauflösend als Film auf Ihrem Tablet speichern? Wenn ja, dann kostet das leider etwas. Wenn Sie nichts zahlen möchten, blättern Sie jetzt weiter.

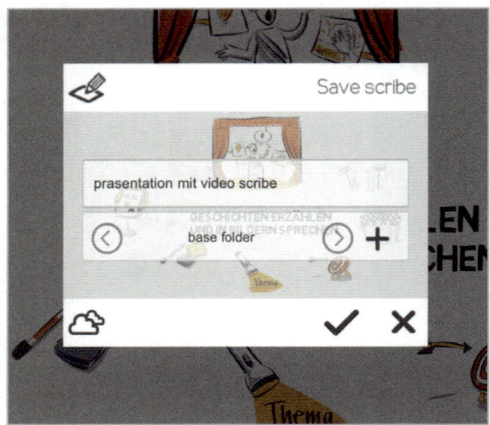

Eigentlich genügt es Ihnen, wenn Sie die Präsentation von Ihrem Tablet aus präsentieren? Dann tippen Sie auf das lustige Diskettensymbol zum Speichern, und Sie bleiben so lange Sie möchten in dieser App. Sie können Ihre Präsentation jederzeit vorführen.

Im Kapitel »Sandras schmutzige Tricks« zeige ich Ihnen noch einen Trick, wie Sie die Präsentation doch als Film bekommen.

Hier können Sie das fertige Video anschauen:
bit.ly/aufdemtablet-5

Zoom at end?

Klassisch präsentieren

Sie können Ihre Illustrationen zu Ihrem Vortrag auch einfach aus Ihrer Zeichen-App als Bilder exportieren, anschließend in Ihrer Fotobibliothek, ein neues Album erstellen und von dort aus den Präsentationsmodus starten.

Wenn Sie PowerPoint lieben und Sie es gewohnt sind, damit zu arbeiten, werde ich Sie nicht abhalten. Sie können die Bilder auch in PowerPoint importieren. Sie können sie senden, synchronisieren, in die Dropbox legen oder, wenn gerade kein W-LAN verfügbar ist, mit einem Stick übertragen (z.B. mit dem SanDisk iXpand 32 GB Flash-Laufwerk, ca. 45 € bei Amazon).

Evernote kennen Sie ja bereits. Auch hiermit können Sie präsentieren: einfach neue Notiz anlegen, Bilder importieren, darauf tippen und blättern.

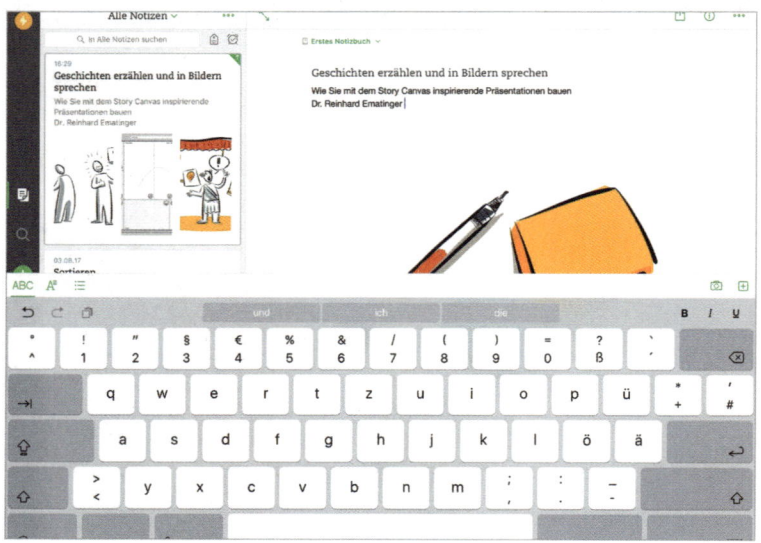

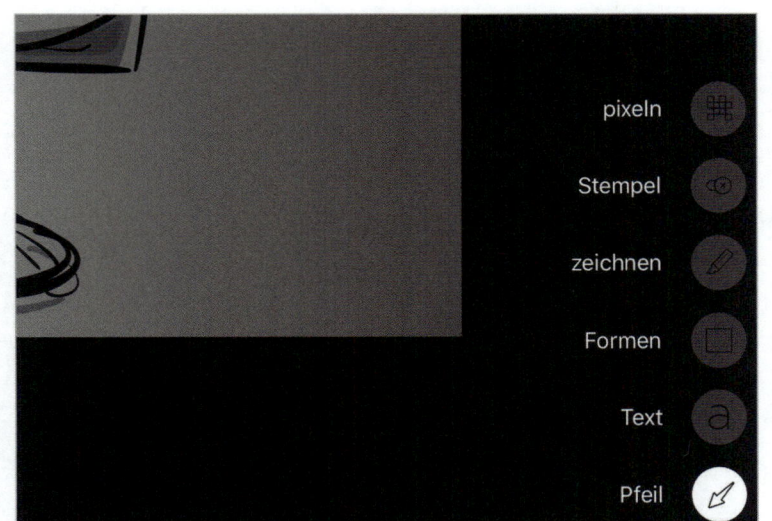

In Evernote können Sie auch noch Kommentare, Pfeile, Text und anderes ergänzen. Eigentlich auch ganz nett, um sich einen Spickzettel für den Vortrag zu machen, oder?

Express-Präsentation exportieren

Wenn Sie auf dem iPad und in Paper ein paar Bilder für eine Präsentation angefertigt haben, können Sie mit zweimal Tippen eine Präsentation erstellen.

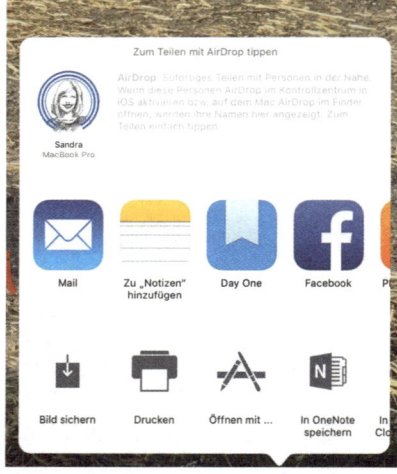

Exportieren

Als Präsentation teilen

Importieren mit Keynote

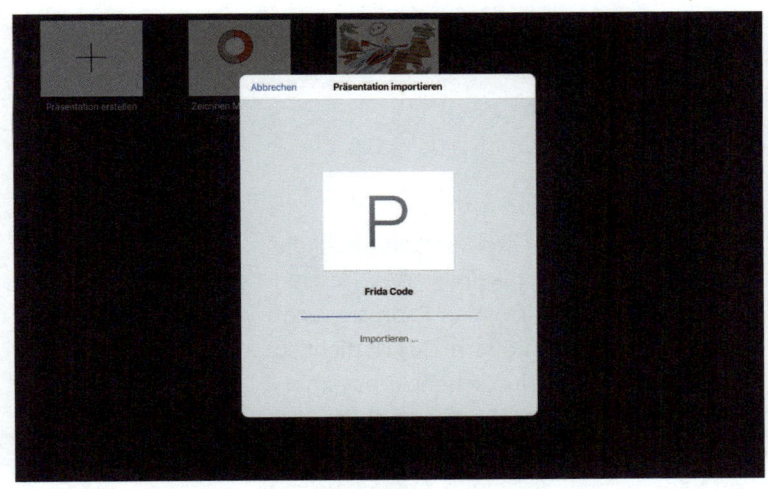

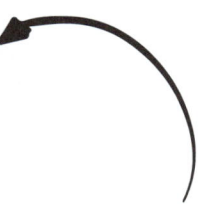

Warten ...

... und auf »Play« drücken
zum Präsentieren.

Das Symbol mit den drei Punkten,
zeigt Ihnen auch, dass Sie diese
Präsentation nun als PowerPoint-
Präsentation exportieren können.

Exportieren

Ein weiterer entzückender Vorteil beim Zeichnen mit dem Tablet ist, dass man seine Skizzen nicht mehr scannen, fotografieren und nachbearbeiten muss. Darum liebe ich es so sehr, auf dem Tablet zu zeichnen. Skizzieren, ausarbeiten, korrigieren, kolorieren und – zack – versenden.

PDF-Dateien eignen sich wunderbar zum Versenden, Präsentieren und Weiterverarbeiten. Wer glücklicher Besitzer der Creative Suite und Creativ Cloud von Adobe ist, kann aus der Zeichen-App Adobe Draw sein Kunstwerk an seinen Laptop, direkt zu Adobe Illustrator oder Photoshop senden. Die Vektoren der Zeichnung bleiben erhalten. So kann man Dateien für Druckdateien oder Webdateien speichern.

PNG-Dateien sind fast Alleskönner. Jede App, jedes Programm kann sie öffnen und verarbeiten. Der Nachteil ist, dass sich die Vektor-Dateien in pixelbasierte Dateien verwandeln. Das heißt, man kann sie nicht mehr unendlich vergrößern. Das ist nicht so dramatisch, denn die Zeichen-Apps exportieren die Dateien hochauflösend. So sind diese Dateien groß genug, um sie auf großen Bildschirmen zu zeigen, auf A3 auszudrucken und in Präsentationen einzubauen.

Einen Zeitraffer im Handumdrehen erstellen? Ja, das können Sie! In der App Adobe Draw (ab Version 4.4) wird automatisch, während Sie zeichnen, ein Zeitraffer-Video aufgezeichnet. Der gesamte Zeichenprozess wird im Schnelldurchlauf sichtbar. Über das Export-Symbol gelangen Sie zum Zeitraffer. Sie können nun eine Vorschau des Videos ansehen, es teilen oder in Ihren Fotos speichern.

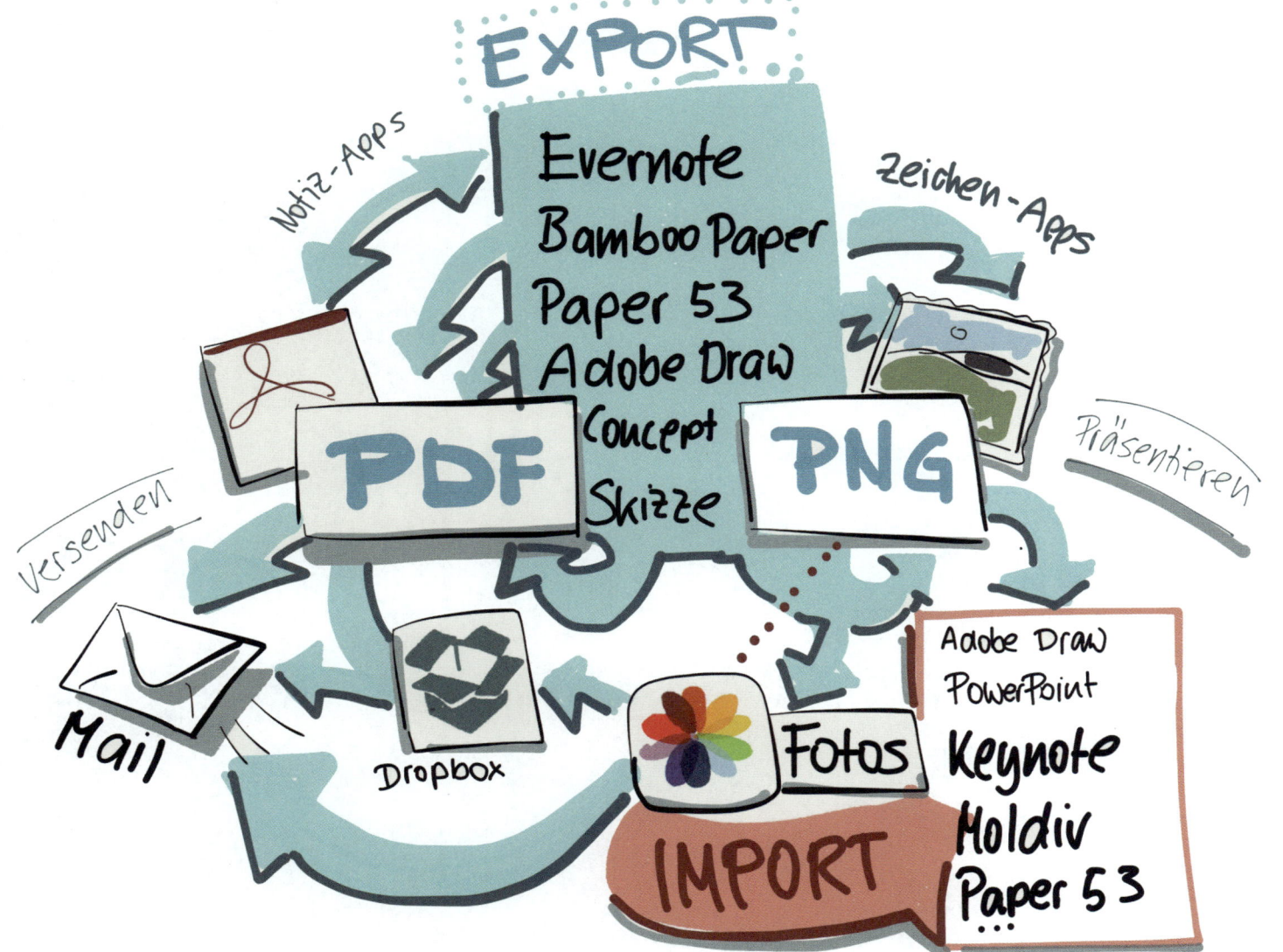

11. Storytelling

Storytelling ist lernbar
Isolde Fischer und Stefan Hillebrand, DRAMA light

Besonders, wenn Sie Ihr Publikum aktivieren und gewinnen wollen oder sogar müssen – in sogenannten Pitch-Präsentationen – helfen Ihnen authentische und glaubhafte Storys. Wir als Bühnenmenschen wissen: Was bleibt und Eindruck macht, sind Geschichten. Aber auch Neurowissenschaftler belegen, dass unser Gehirn alle eingehenden Informationen als Geschichten wahrnimmt und speichert. Aus diesem Grund zählt Storytelling zu den Geheimwaffen des modernen Marketings. Die Geschichte (Story) erarbeiten Sie, bevor Sie Ihre Slides produzieren. Das bedeutet: weg von Bulletpoints, hin zu großzügigen Bildern. Lassen Sie Ihre Aussagen wirken und setzen Sie Ihre Folien danach um. Ihr Sprechtext ergibt sich aus der visualisierten (Bild-)Geschichte.

Doch wie eine Story kreieren?

Verschiedene Formstrukturen helfen Ihnen, das Grundgerüst Ihrer Geschichte zu finden. Haben Sie erst mal ein gutes Fundament, dann ist der Rest einfach. Die Einfachheit hilft Ihnen, die Klarheit zu finden, was Sie denn eigentlich erzählen wollen.

Im Folgenden zeigen wir Ihnen drei bewährte Gerüste, um eine Story zu kreieren: die Story spine, die Heldenreise und das »Fünf Fragen«-Verfahren.

Die Story spine – das Rückgrat Ihrer Geschichte

Tipp: Wenn Sie eine Idee präsentieren, dann erstellen Sie die Story spine so, als ob sie die Geschichte aus der Zukunft erzählen. Eine Vision und ein Ziel vor Augen zu führen, bestärkt den Entschluss, die Idee auch tatsächlich auszuführen.

Wie ist/war die Ausgangssituation?

Was ist der Gamechanger-Gedanke, was bringt die gewohnte Welt in Bewegung?

Was sind die ersten Konsequenzen und Folgen?

Wie wurde das Ganze weiterentwickelt, vergrößert, verändert?

Was waren die Schwierigkeiten auf dem Weg, was stellte sich entgegen?

Was ist der innere beständige Kern der Idee, der Veränderung, der Innovation?

Beschreiben Sie die Sinnhaftigkeit des Kerns.

Was ist das Resultat, das Ergebnis? Nicht die Methode zählt, sondern das Ergebnis.

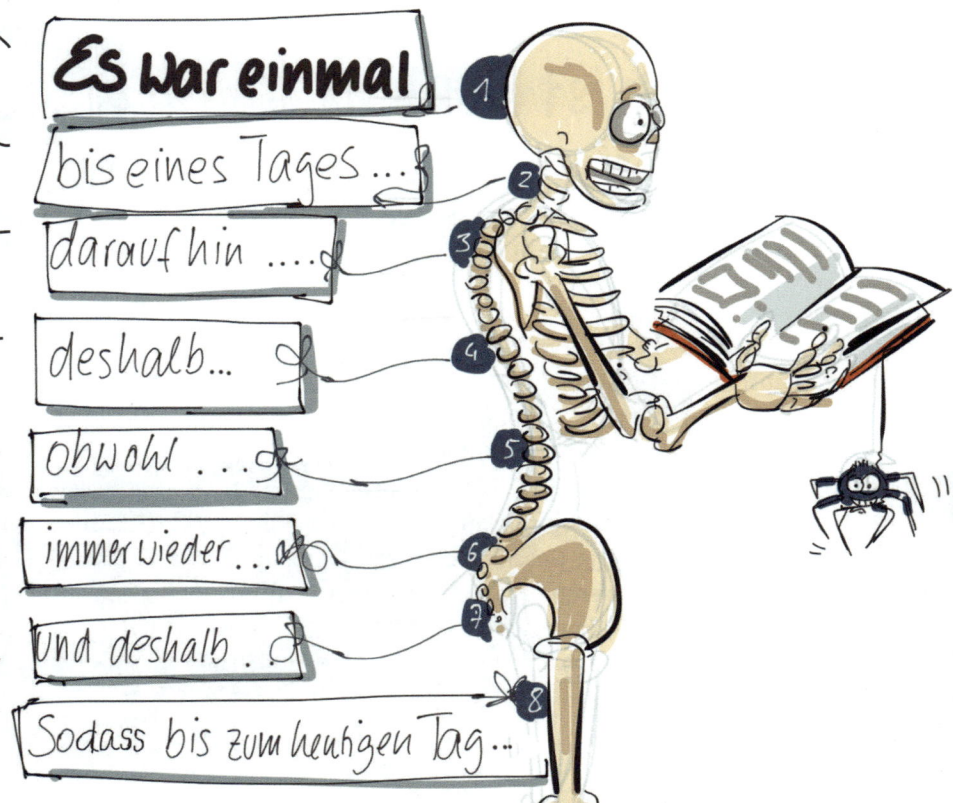

Es war einmal   1
bis eines Tages...   2
daraufhin   3
deshalb...   4
obwohl ...   5
immer wieder ...   6
und deshalb .   7
Sodass bis zum heutigen Tag...   8

Die Heldenreise in Kurzform

Die »Heldenreise« ist ein Schema in der Literatur, nach dem die meisten Erzählungen funktionieren:

1. Zeige die Hauptfigur (den Helden) der Story in ihrer gewohnten Welt.

2. Das Ziel der Reise, Frage der Reise, Was will der Held? (Zum Beispiel: »Wird er es schaffen, das Böse zu entmachten und die rechtmäßige Krone zurückzugewinnen?«)

3. Erhöhe den Einsatz, lege ihm Hindernisse in den Weg. Mache es für den Helden schwerer.

4. Beantworte die Frage, ob der Held das Ziel der Reise erreicht (»Er gewinnt die Krone«).

5. Zeige, wie sich der Held verändert hat, welche Belohnung es gibt. (innerliche = Weisheit, Demut; äußerliche= Geld, Macht, Liebe). Oder zeige, wie die Welt sich verändert hat …

In fünf Sätzen zur guten Story

1. Wo und was wird getan?
   Beschreibung der Szenerie: Wie kann man sich die Ausgangssituation vorstellen. (Meet the town)

2. Welche Beziehung gibt es? Hauptfiguren, die mit ihren Grundcharakterzügen sichtbar werden, braucht jede Geschichte, damit sie »miterlebt« werden kann. Je menschlicher sie erzählt werden, desto eher sehen sich die Zuhörer in der Person selbst.

3. Was ist die Frage der Story?
   Worum geht es? Werden sie xy schaffen? Werden sie xy lösen? Bestehen? Was gewinnen?

4. Was steht auf dem Spiel?
   Bei dieser Frage geht es um den Einsatz. Warum ist es wichtig oder warum sollen wir uns darum scheren, wie die Geschichte ausgeht?

5. Die Antwort auf die Frage
   Was ist das Ziel, das Ende, das Ergebnis und wie hat man es erreicht?

Die Ausgestaltung der Geschichte

Wenn Sie das Gerüst haben, dann machen Sie sich an die Ausgestaltung. Eine gute Geschichte, der man gerne zuhört, hält die Balance zwischen dem weiteren Verlauf (wie geht die Geschichte weiter?) und der Ausgestaltung (wie war das? – also in die Breite erzählt).

Hierzu empfehlen wir die Übung »weiter« und »breiter«: Erzählen Sie einer Person Ihres Vertrauens Ihre letzte Urlaubsreise. Ihr Gegenüber darf Ihnen während des Erzählens die Anweisung »breiter!« oder »weiter« geben. So lernen Sie, was für Ihre Zuhörer von Interesse ist. (Wie viel Beschreibung ist notwendig, um in die Geschichte einzusteigen, oder wann ist es angesagt, dass es in der Geschichte weitergeht). Gleichzeitig trainieren Sie das lebendige Erzählen, also das Eingehen auf Ihre Zuhörerschaft.

Während Ihnen das »Weiter« Hinweise für die Anzahl und Abfolge der Bilder Ihrer Story liefert, gibt Ihnen das »Breiter« Aufschluss, über die Stimmungen, Emotionen und Sinneseindrücke, also das »Wie« Ihrer Bilder.

Wenn Sie Schwierigkeiten haben Bilder, Eindrücke oder Metaphern zu finden, gibt es ein gutes Training, das Sie auch allein für sich durchführen können.

Die dänische Geschichte

Schreiben Sie einzelne Hauptwörter auf Karteikarten (möglichst eine wilde Mischung aus Begriffen, die nichts miteinander zu tun haben, z. B. Lampe, Urlaub, Pferd, ...). Mischen Sie diese durch und legen Sie den verdeckten Stapel vor sich. Beginnen Sie nun eine Geschichte, die Sie kennen, z. B. Ihre Biografie, zu erzählen. Alle 30 Sekunden drehen Sie eine Karte um und versuchen, den darauf stehenden Begriff möglichst sinnvoll in die Geschichte einzubauen.

Beispiel

»Wir als Improvisationstheater hatten uns im Laufe der Jahre und mit unseren öffentlichen Shows einen guten Ruf als Bühnenkünstler erarbeitet. Die Frage war, wie es für uns weitergehen sollte, wenn wir uns dauerhaft eine Altersabsicherung schaffen und unseren Eltern nicht recht geben wollten, dass man von der Kunst doch eh nicht leben könne.

Vielleicht war die Situation ein bisschen so, dass wir uns als Gruppe verhalten haben wie ein Pferd, das vor dem Hindernis meditieren würde. Wir haben uns zu viele Gedanken gemacht, ob und wie wir springen sollen, in andere Welten, die Welt der Unternehmen, der Institutionen, der Bildungseinrichtungen.

Der erhellende Gedanke kam, als wir begriffen haben, dass wir springen müssen, und zwar mit dem, was wir sind und anzubieten haben: unsere Kreativität, unser Andersdenken, unsere mitreißende Art, sich für Dinge zu begeistern. Es war, als ob man eine Lampe angeknipst hätte. Wir müssen uns gar nicht verändern, sondern uns nur sichtbar machen, mit dem, was wir tun.«

Tipp:
Die Übung klingt am Anfang immer schwierig, und manchmal kommt Ihnen ein Begriff in die Quere, der scheinbar gar nichts mit Ihrem Inhalt zu tun hat. Versuchen Sie nach dem ausgesprochenen: »Uff!«, zu atmen, frech zu lächeln und im Spiel zu bleiben, indem Sie mit aller Frechheit die allererste Idee weiterverfolgen. Sie werden merken, dass Sie nicht gestorben sind und Ihre Geschichte weitergeht. Sie üben damit, sich von unerwarteten Situationen während Ihrer Präsentation nicht so leicht vom Kurs abbringen zu lassen, sondern Nachfragen und Einwürfe Ihrer Zuhörer als Inspiration und Input zu begreifen, die Sie locker und flockig adaptieren können. Sie üben die hohe Kunst der freien Rede.

Unser Herzstück für die Umsetzung und das Entwickeln einer Story: Die Methode JA UND...

JA UND ist eine einfache Formel und eines der wichtigsten Werkzeuge der Improvisation.

JA UND signalisiert Ihrem Gegenüber, dass sein Vorschlag, seine Wirklichkeit gehört und aufgegriffen wird.

Das **JA UND**-Prinzip lehrt uns, positiv zu agieren und immer wieder nach neuen Richtungen und Möglichkeiten Ausschau zu halten. Leider ist jedoch ein Nein oder ein Ja, aber eine der häufigsten Reaktionen auf neue Ideen oder andere Sichtweisen.

Indem wir **JA!** sagen, akzeptieren wir eine Idee und die Wirklichkeit, wie sie ist. Wir untersuchen und nehmen ein Angebot erst mal wahr, ohne es gleich zu bewerten oder zu kategorisieren. Wir sind gefordert, gewohnte Bewertungsmuster, eigene Sichtweisen beiseitezulegen und uns zu öffnen. Wir nähern uns einem Angebot, einer Realität (wieder) mit Neugierde und Offenheit, um diese anzunehmen und zu begreifen.

Mit dem **Und** entwickeln wir die Idee weiter, indem wir unseren Baustein an die **»JA-Realität«** adaptieren. Wir entwickeln im Schritt-für-Schritt-Verfahren einen Weg zu unserem Ziel.

Vielleicht ertappen Sie sich gerade selbst bei einem »Ja, aber …«

»Ja, das klingt gut im Buch, aber ich kann nicht so gut zeichnen …«

»Ja, das ist schön geschrieben, aber meine Geschichte passt da nicht …«

»Ja, das sind kreative Ideen, aber es geht doch ums Business …«

Tipp:
Der JA UND-Muskel muss trainiert werden.
Probieren Sie es doch mal damit:
»Ja! Ich kann nicht perfekt zeichnen UND ich werde
die Übungen Schritt für Schritt einfach umsetzen,
damit ich besser darin werde.«

»Ja! Meine Geschichte ist so komplex UND ich probiere
einfach mal die vorgeschlagene Geschichtenstruktur
aus und schaue, ob und was sich dadurch verändert.«

»Ja! Im Business sind kreative Ideen immer noch
befremdlich UND ich traue meiner Intuition, dass
innovatives Denken gerade Kreativität erfordert.«

12. Comic und Storyboard

Comics, wer liebt sie nicht?

Mit Comics können Sie auf sympathische Weise eine Geschichte erzählen. Die Theorie haben Sie ja schon in den vorherigen Kapiteln gelernt. Jetzt können Sie lernen, wie Sie Ihre eigenen Charaktere, Ihren Held, oder Ihren Kunden zeichnen. Fangen wir mit dem Kopf an:

Charakterköpfe

Die Kopfform lässt bei Comicfiguren auf den Charakter schließen.
Quadratschädel, Eierköpfe, Mondgesicht - was passt am besten zu
den Eigenschadten Ihres Helden?

Vom Kopf zur Figur

Mit einfachen geometrischen Formen können Sie Ihrem Charakter einen Körper geben. Sie können verschiedene Elemente kombinieren und testen. Ich finde es harmonischer, wenn ein dreieckiger Kopf auch einen dreieckigen Körper bekommt, aber vielleicht finden Sie ja eine andere kuriose Kombination.

12. Kapitel // Comic

Die Kopfeinteilung

Zunächst zeichnen Sie die Kopfform. Eine ovale Form ist ein guter Anfang.

Wenn Sie eine Einteilung durch eine senkrechte und eine waagerechte Linie zeichnen, haben Sie schon mal eine Platzierung für die Augen. Augen sind immer auf der waagerechten Linie. Diese ist genau in der Mitte, wenn der Charakter geradeaus schauen soll.

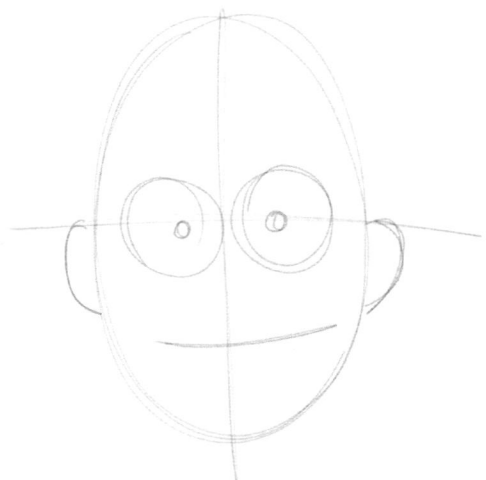

1/3

1/2

1/4

1/4

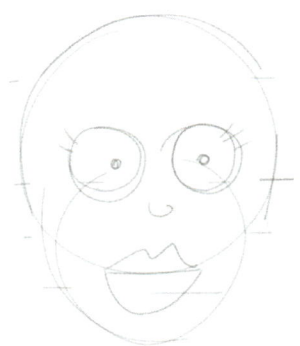

Mit zwei sich überschneidenden Ellipsen können Sie eine noch niedlichere Kopfform schaffen.

Im Profil

Für einen Kopf im Profil empfehle ich Ihnen, auch zwei Kreise zu zeichnen: einen großen Kreis und einen kleinen Kreis, die sich überschneiden.

An dem Schnittpunkt beginnt die Nase, direkt darüber sitzen die Augen, und je nachdem, wie kräftig Sie das Kinn haben möchten, setzen Sie den Mund.

Die Ohren befinden sich ungefähr mittig zwischen Hinterkopf und Nase, Auge und Mund.

Kopfbewegungen

Auch hier hilft die Mittellinie enorm. Wenn Sie einen Eierkopf gezeichnet haben, probieren Sie einmal, was passiert, wenn Sie die
Mittellinien versetzen und leicht gebogen zeichnen.

Achten Sie dabei auf die Ohren. Die beginnen immer an der horizontalen Mittellinie, egal ob der Kopf nach unten, oder nach oben
schaut. Es kann dann durchaus sein, dass die Ohren über den Augen
sitzen, wenn Ihr Charakter nach unten schaut.

Augen, Nase, Mund

Okay, dass die Augen auf der Mittellinie sind, ist jetzt schon klar. Aber, wie sollen denn die Augen aussehen?

Es gibt ein paar Möglichkeiten. Sie können Knopfaugen wie bei Tim und Struppi zeichnen, oder einfach nur Punkte oder mit einem oberen Strich und einem unteren Strich, um ein Lid anzudeuten und eine Pupille in der Mitte. Mein persönlicher Favorit sind die runden Glubschaugen. Wenn es aber etwas seriöser sein soll, dann deute ich mit zwei Strichen ein Ober- und Unterlid an und setze einen Punkt in die Mitte.

Der Nasenfaktor ist nicht zu unterschätzen. Damit geben Sie dem Charakter seine Unverwechselbarkeit. Eine große, runde Nase für den gemütlichen Herren, eine kleine Stupsnase für die Dame und eine große spitze Nase für den pfiffigen Geschäftsmann? Wie würde es denn wirken, wenn Sie die Nasen vertauschen? Am besten, Sie testen das mal.

Wenn Sie schon einmal dabei sind: Welchen Mund würden Sie denn Ihrem Charakter geben? Welche Laune soll er haben? Ist er immer griesgrämig, oder eher eine Frohnatur?

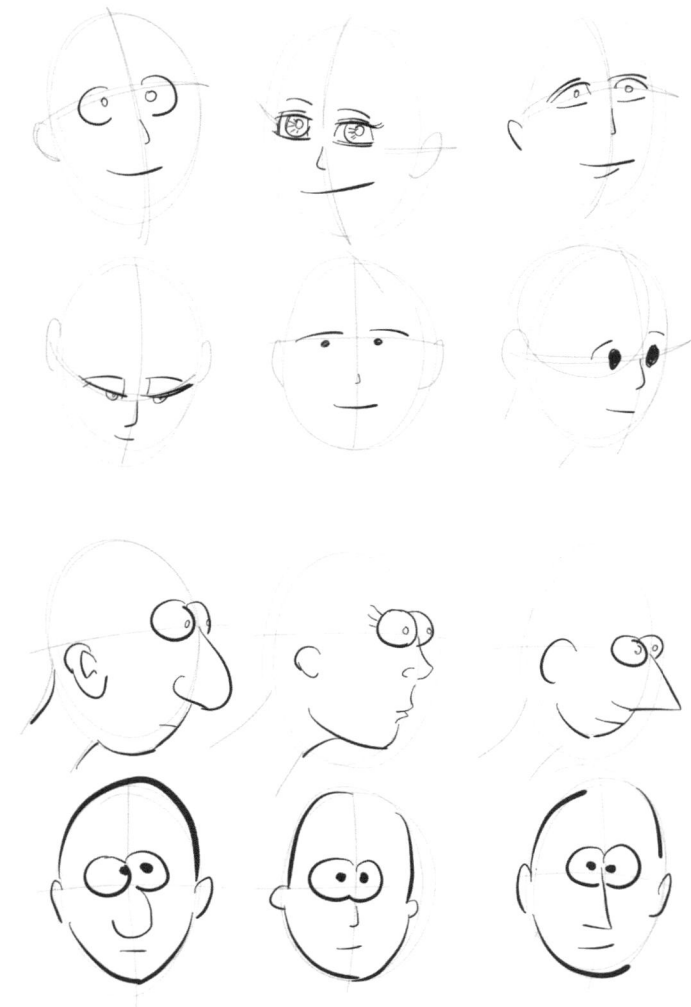

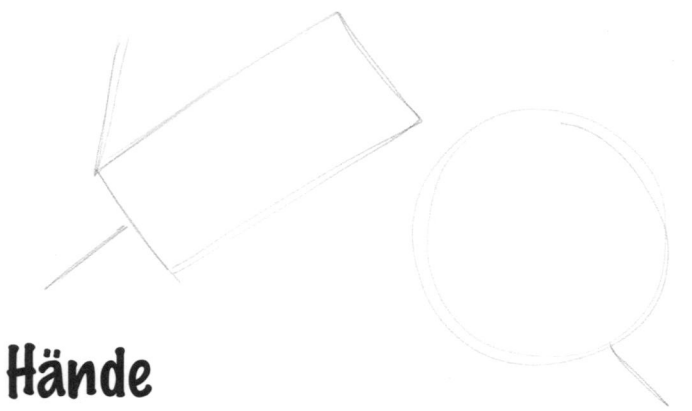

Hände

Hände gelingen Ihnen einfacher, wenn Sie sich die Hand wie ein Stück rechteckiges Papier vorstellen, dass Sie biegen, knicken und rollen können. Wichtig ist der Daumen: Er beginnt an der unteren Außenkannte des Rechteckes.

Wenn Sie Ihre Hand auffächern, also Ihre Finger abspreizen, als würden Sie winken, ist Ihre Hand nicht mehr wie ein Rechteck, sondern eher wie ein Kreis. Der große Kreis verdeutlicht die Finger, der kleine Kreis die Handfläche. Nun können Sie die Finger zwischen den beiden Kreisen zeichnen.

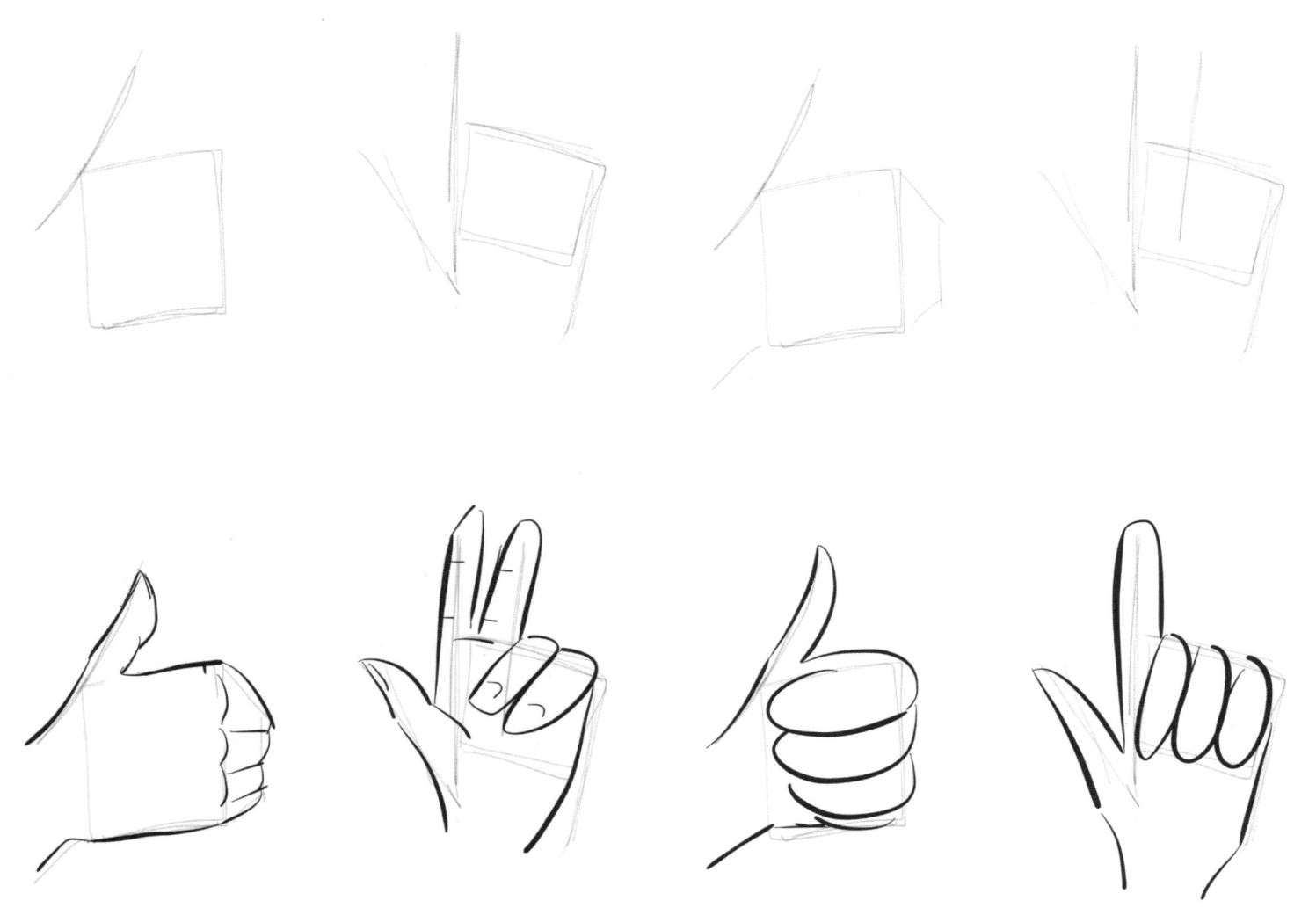

Die Figur

Um Figuren in allen Situationen zeichnen zu können, hilft es, wenn man sich vorstellen kann, wie die Figur aufgebaut ist. Die Mittelachse als Richtungsgeber und als Wirbelsäule ist der Anfang von allen Figurskizzen.

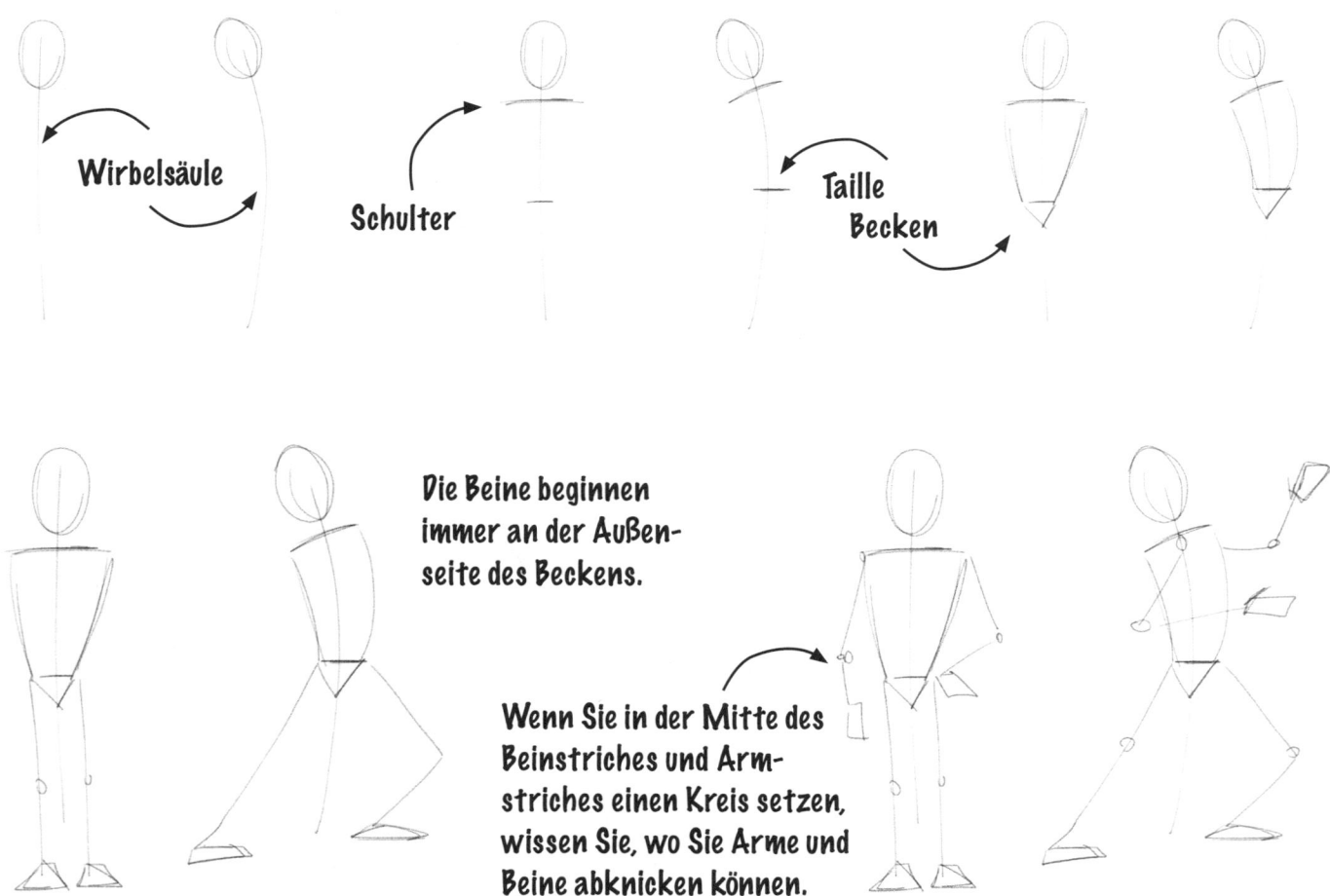

Wirbelsäule

Schulter

Taille
Becken

Die Beine beginnen immer an der Außenseite des Beckens.

Wenn Sie in der Mitte des Beinstriches und Armstriches einen Kreis setzen, wissen Sie, wo Sie Arme und Beine abknicken können.

Nun müssen Sie nur um Ihr Skelett noch
eine Kontur zeichnen und Ihrem Charakter die passende Kleidung geben.

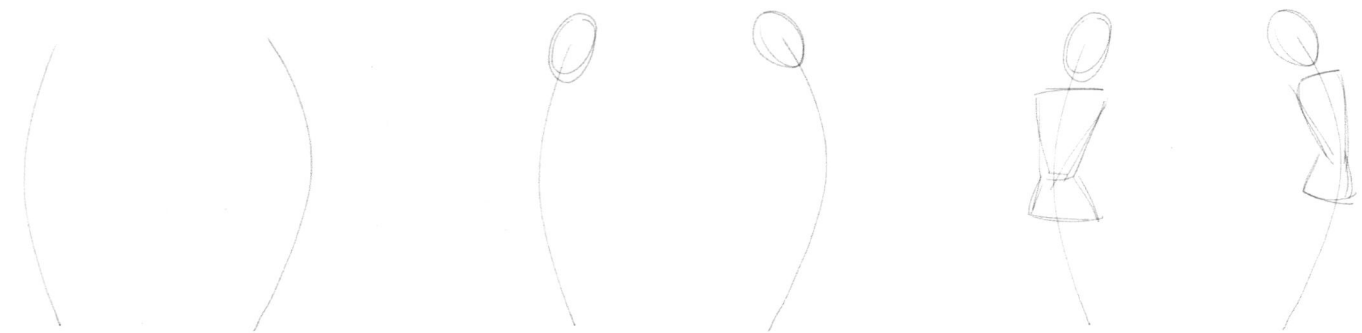

Die Biegung der Wirbelsäule gibt immer die Bewegung und Haltung des Charakters vor.

Daher sollten Sie diese Linie immer zuerst zeichnen.

Eine schmale Wespentaille und ein ausladendes Becken stehen für eine feminine Silhouette.

Auch hier zeichne ich an den Außenseiten des Beckens zwei Linien. Um Pumps anzudeuten, zeichne ich ein Rechteck und ein Dreieck sowie einen Strich an der Ferse für den Absatz.

Figuren drehen

Vom Scheitel bis zur Sohle: Die Mittellinie als Wirbesäule hilft bei der Orientierung beim Drehen der Figur. Sobald Sie die Linie nicht mehr exakt in der Mitte zeichnen, wirkt es so, als wäre die Figur etwas gedreht.

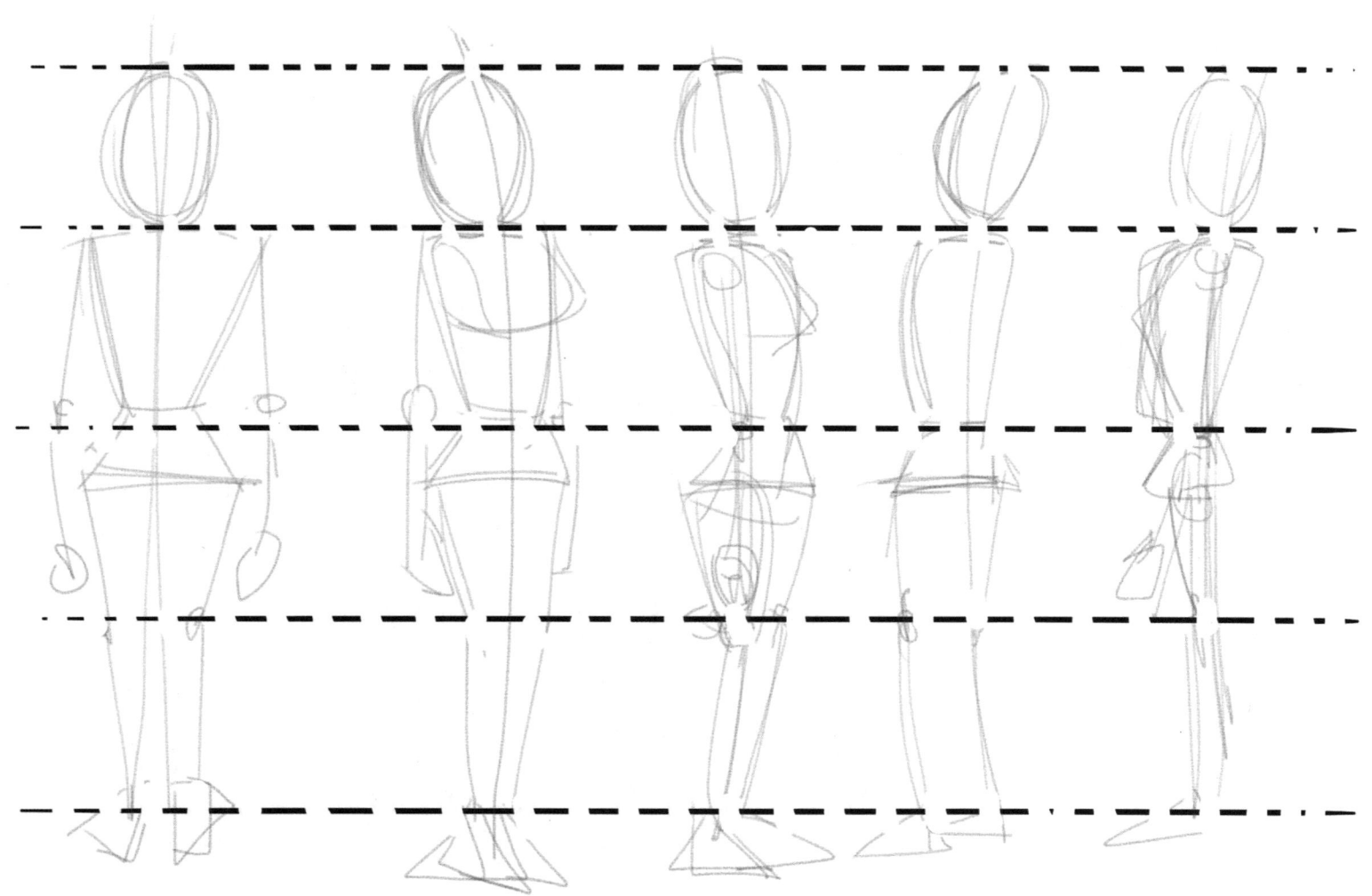

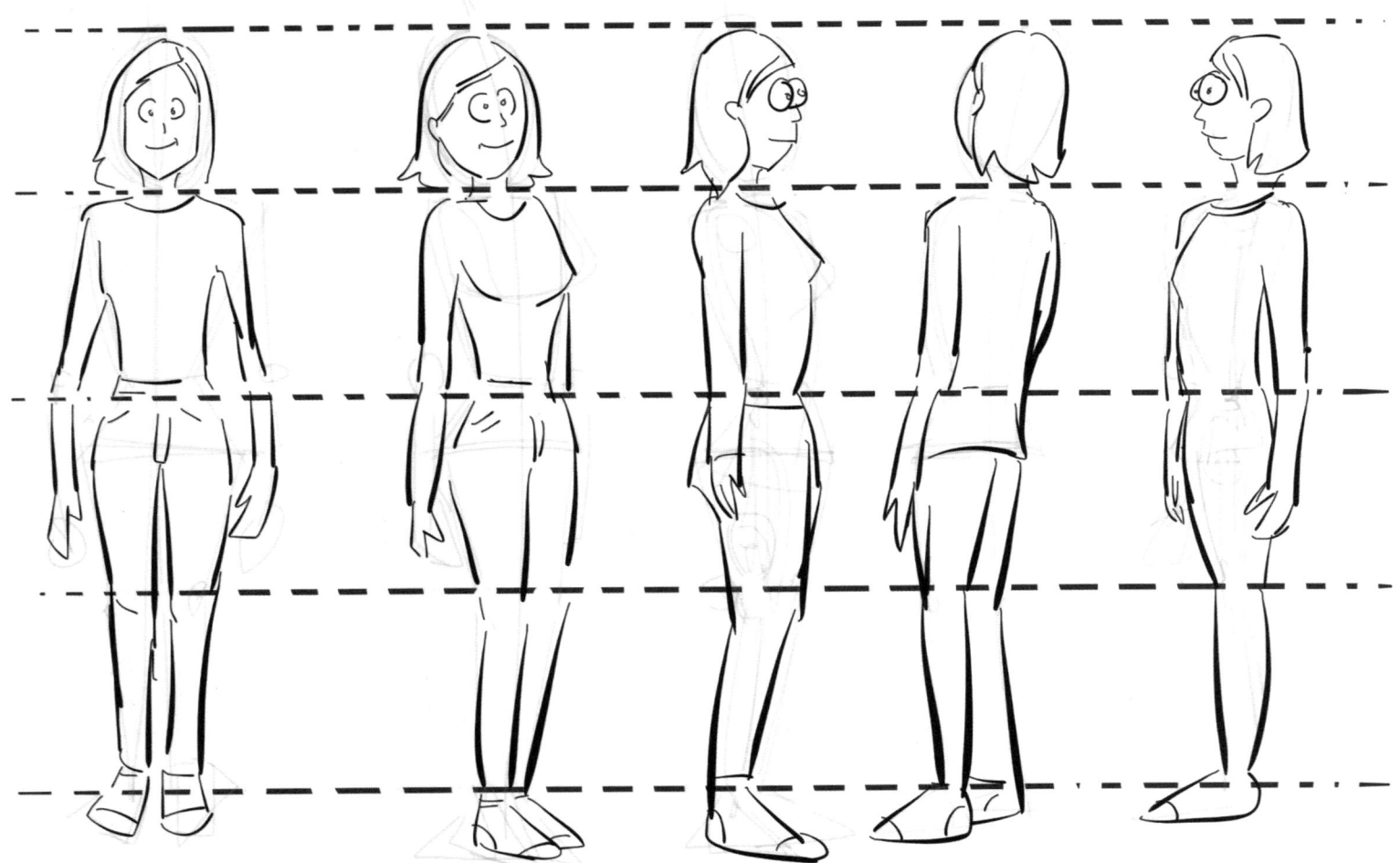

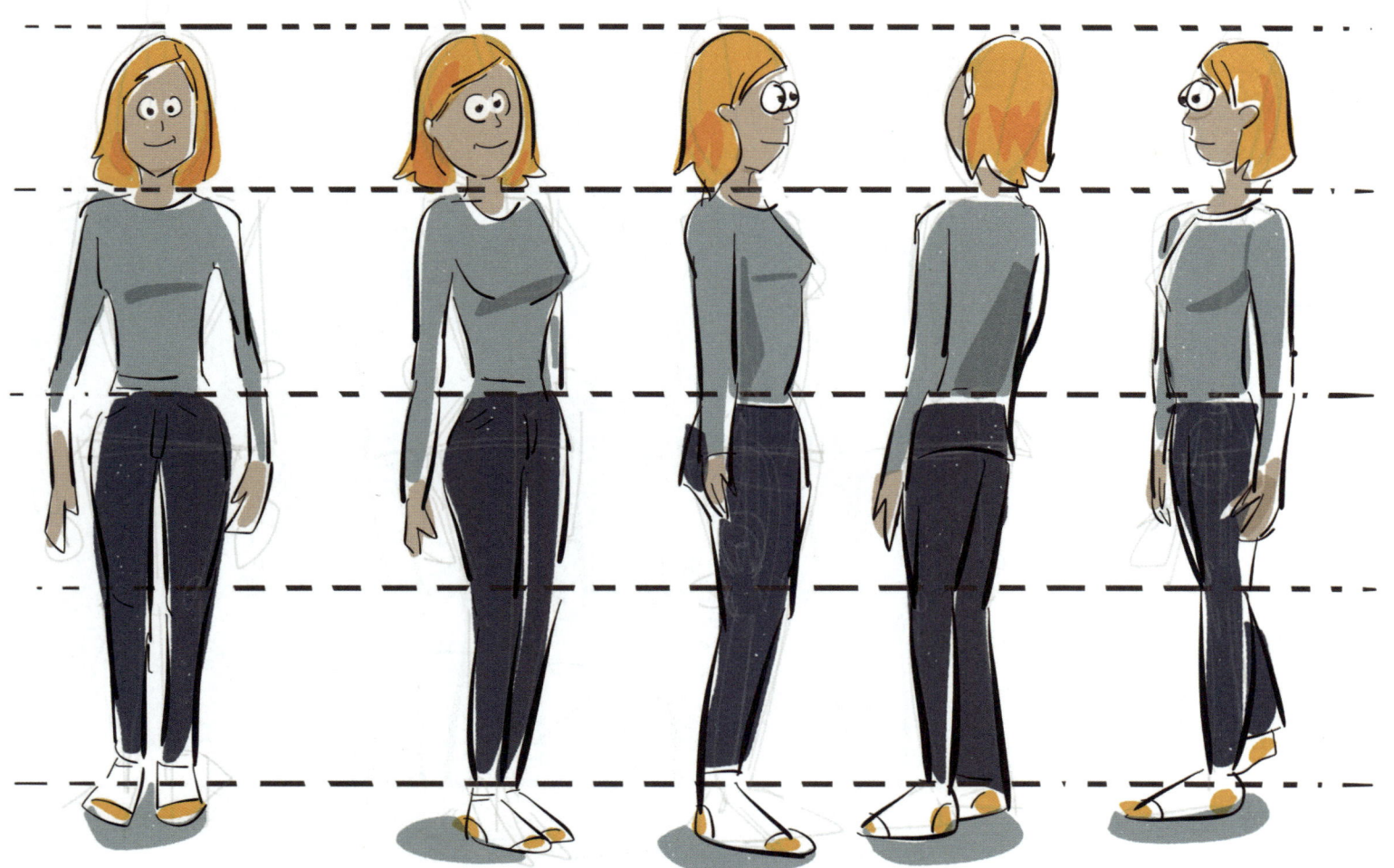

Tiere – reine Formsache

Nicht nur menschliche Figuren lassen sich mit geometrischen Grundformen zeichnen, sondern auch Tiere. Schon aus einem Rechteck
können Sie einen Hund zeichnen oder aus einem Kreis ein Schwein.
Mit zwei Grundformen werden Ihre Wesen etwas flexibler in der Bewegung.

Runde Formen wirken weicher und freundlicher. Eckige Formen
wirken dagegen härter, können aber auch charmant sein.

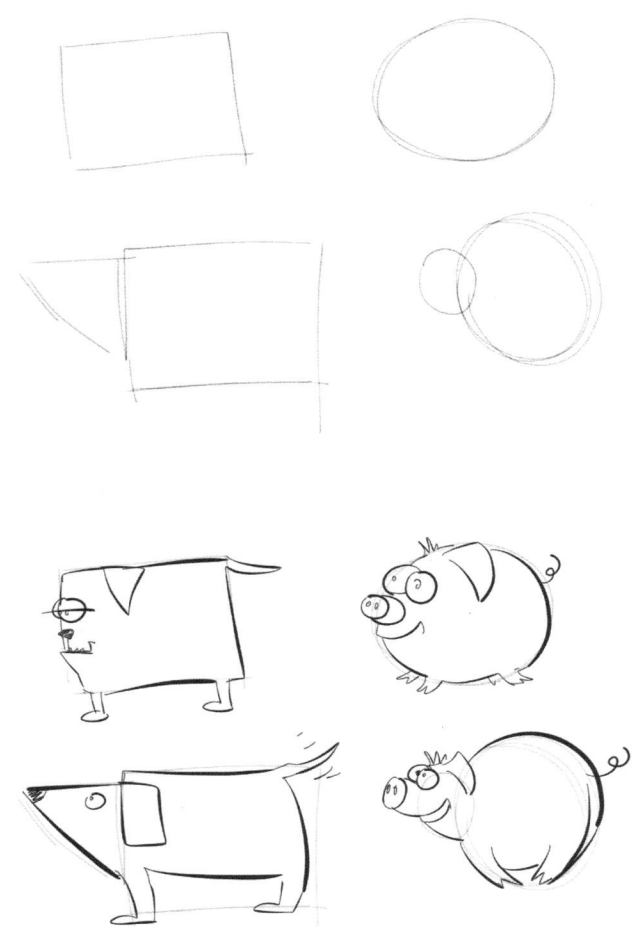

Was sehen Sie, wenn Sie ein Dreieck mit einem Rechteck kombinieren? Versuchen Sie sich einmal an dieser Kombination.

Bewegte Tiere

So wie sich ein Blatt Papier bewegt, können Sie auch Ihre Wesen bewegen und ihnen damit Leben einhauchen. Wenn Sie das Blatt ein wenig drehen, sodass es perspektivisch dargestellt ist, können Sie auch das Wesen perspektivisch darstellen und alle gewünschten Bewegungen zeichnen. Achten Sie darauf, dass die Gliedmaßen wie beim Menschen immer an den Ecken des Rechtecks beginnen, das den Rumpf darstellt.

Robodog

Robodog ist ein Beispiel für eine dreidimensionale Darstellung eines Charakters.

Dazu »stapeln« Sie einfach die Rechtecke. Beginnen Sie mit dem zuvor erwähnten rechteckigen Blatt, verlängern Sie es mit senkrechten Strichen und zeichnen Sie parallele horizontale Striche. Die Gliedmaßen beginnen wieder an den Ecken.

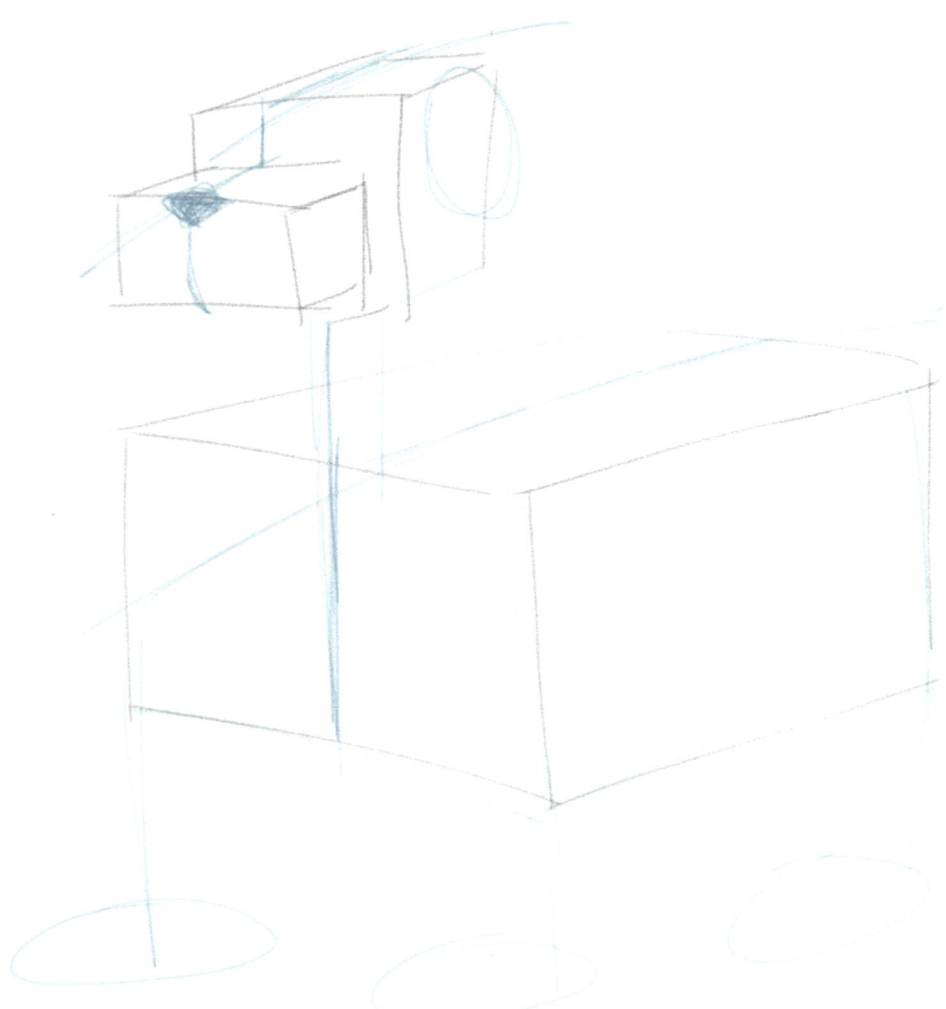

Bildplatzierung

Die Entscheidung, wo Sie ein Objekt platzieren, kann die Geschichte spannender machen oder langweiliger. Der Betrachter fühlt sich ins

Bild gezogen, wenn die Objekte eine Dynamik haben. Diese Dynamik erreichnen Sie, indem Sie das Objekt, wenn es auf die »Bühne« kommt, in den Anschnitt (Bildrand) zeichnen und wenn Sie bewegte Objekte mit Bewegungslinien versehen.

Nutzen Sie dieses Prinzip auch, wenn das Objekt wieder verschwindet, vielleicht wenn es aus dem Bild fällt. Wie könnte die Bildergeschichte weitergehen? Wo fällt das Objekt hin? Spielen Sie mit den Bildausschnitten, mit Kontrasten, mit Nah und Fern, Groß und Klein und lassen Sie sich von den unendlichen Möglichkeiten inspirieren. Auf den nächsten Seiten zeige ich Ihnen ein paar Kameraeinstellungen, die dieses Prinzip verdeutlichen.

Die Weite

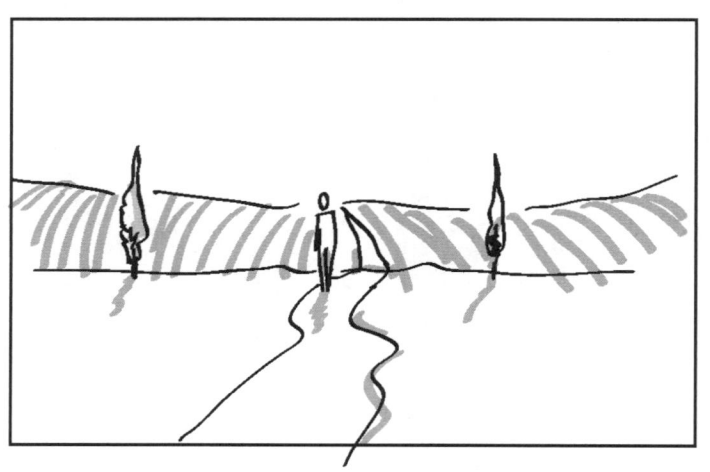

Die Totale

Die Halbtotale

Die Halbnahe

Die Nahe

Die Großaufnahme

Die Detailaufnahme

Zoom ins Bild

Horizonte, Fluchtpunkte und Perspektive

Wenn Sie eine Szenerie beschreiben und sich ein Charakter im Raum bewegt, ist es gut, etwas über Perspektiven zu wissen. Sie tun sich beim Zeichnen Ihrer Geschichte später leichter, auch wenn Sie die Perspektive dann nur andeuten.

Wenn Sie jetzt aufblicken, das Buch zur Seite legen und zum Fenster gehen, dann ist der Horizont, den Sie sehen, immer auf Ihrer Augenhöhe. Sie können springen oder sich auf den Boden zusammenkauern, er bleibt dort.

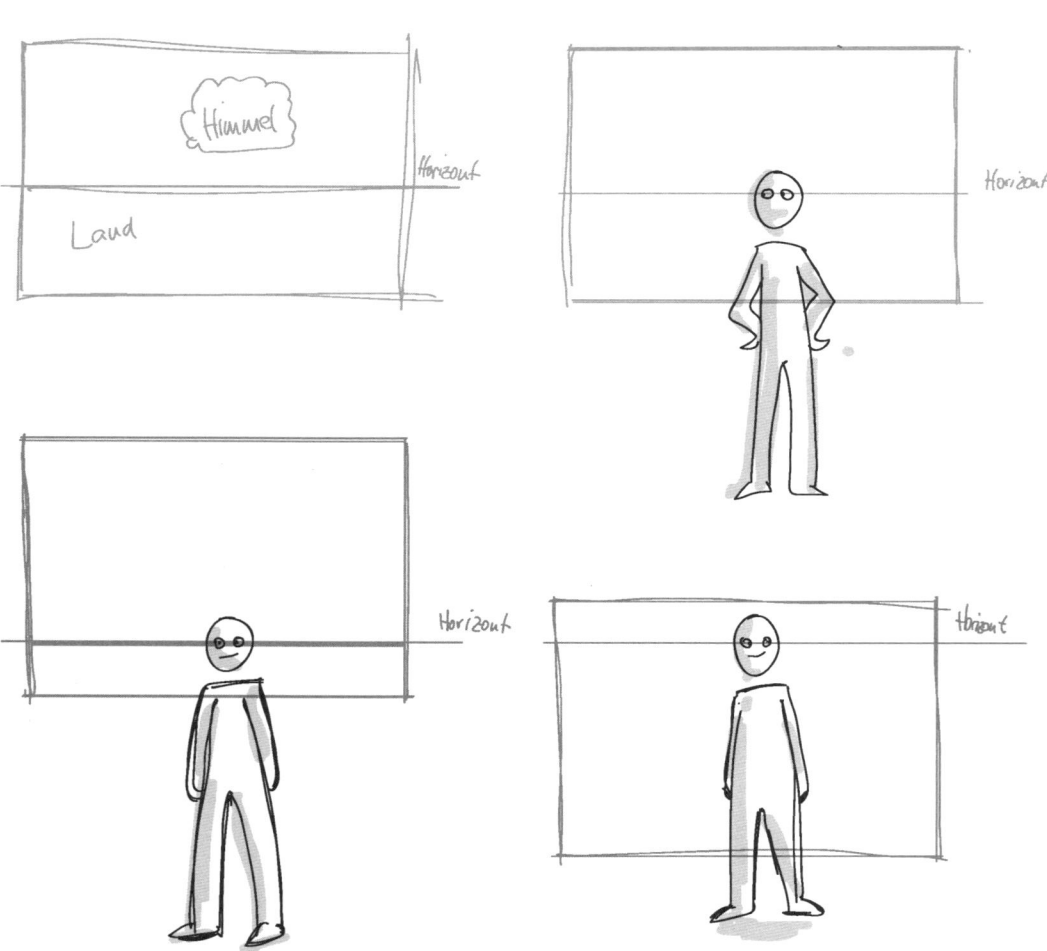

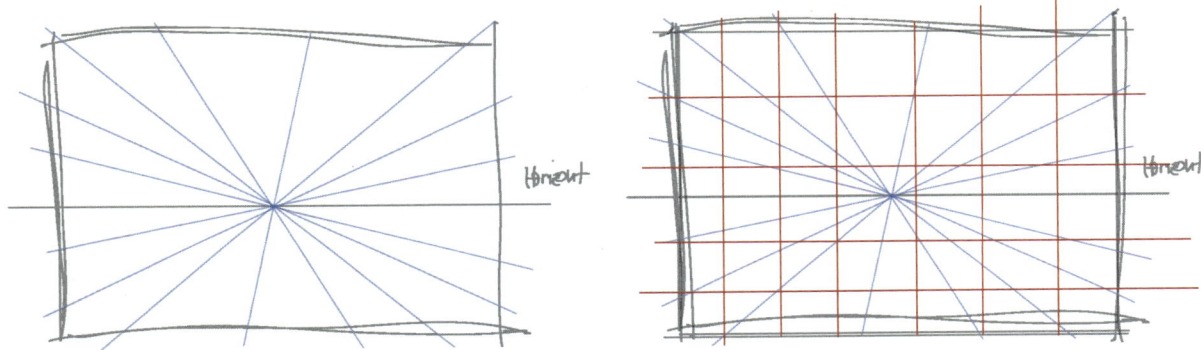

Wenn Sie mit dem Auto auf einer geraden Straße entlangfahren, wirkt die Straße am Ende immer schmaler, es sieht so aus, als würde alles in einem schwarzen Loch verschwinden. Natürlich verschwindet da nichts. Aber das vermeintliche »schwarze Loch« ist der sogenannte Fluchtpunkt. In diesem Fall sehen Sie die **Zentralperspektive**.

Die blauen Linien zeigen das Verhalten der waagerechten Kanten und die roten verdeutlichen alle senkrechten Kanten.

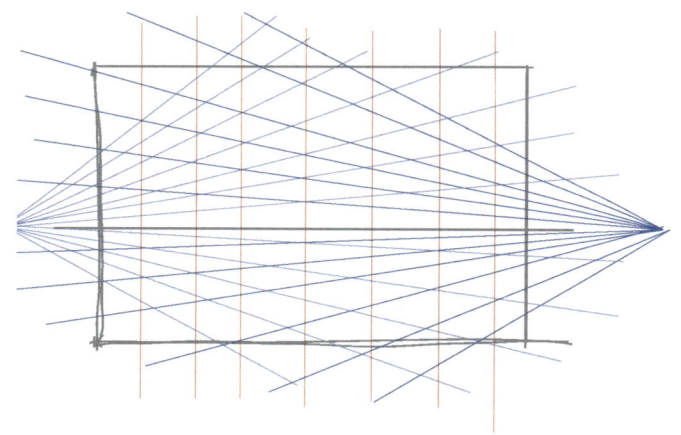

Die Sache mit der Perspektive sieht auf den ersten Blick recht kompliziert aus, und auf den zweiten Blick ist sie es immer noch.

Hier sehen Sie die **Zwei-Punkt-Perspektive**. Wenn Sie an einer Straßenecke stehen, treffen sich alle waagerechten Linien auf der linken Seite im linken Fluchtpunkt, alle waagerechten Linien auf der rechten Seite im rechten Fluchtpunkt.

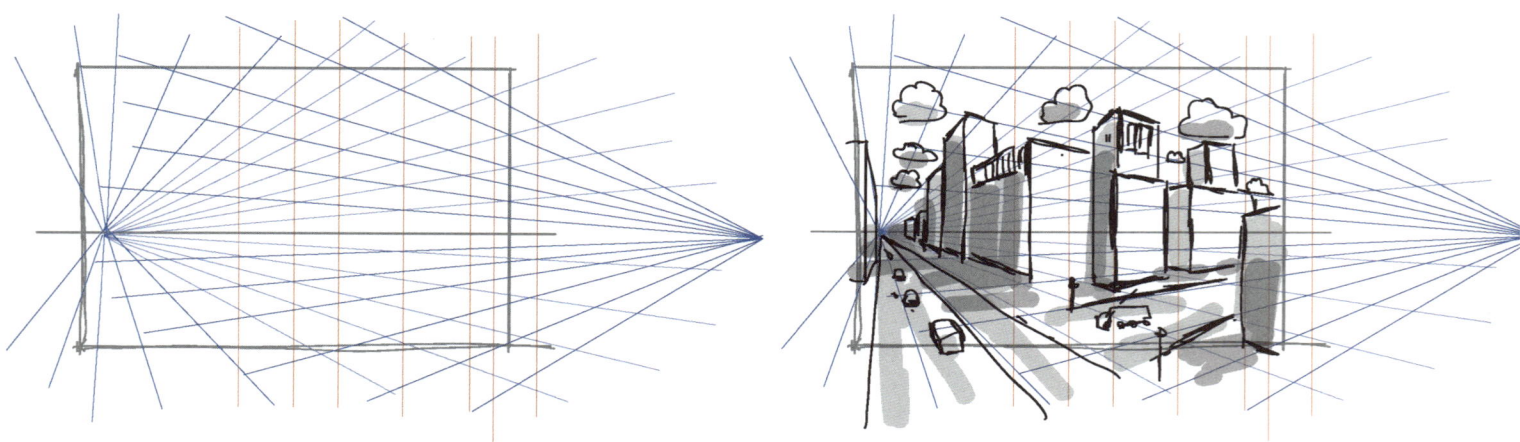

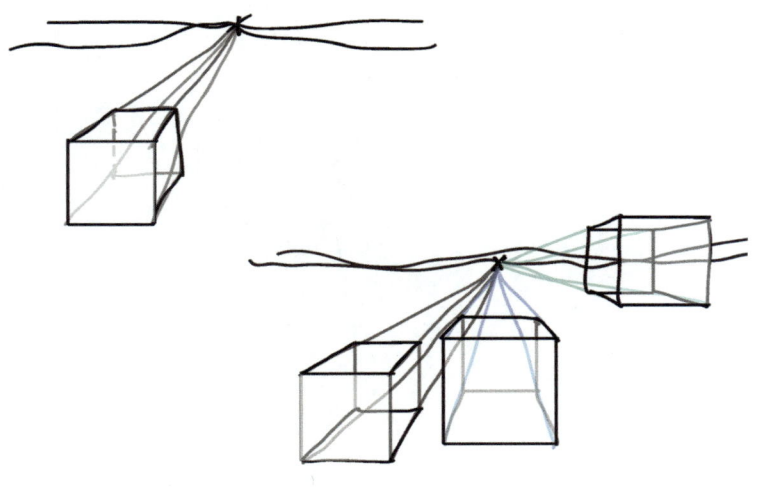

Sie können mit einem einfachen Quadrat anfangen. Aus ihm wird ein riesiger Würfel, wenn Sie sich eine grobe Horizontlinie ziehen und darauf einen Punkt setzen. Nun nehmen Sie ein Lineal und verbinden die Ecken mit dem Fluchtpunkt.

Auch wenn das Quadrat über dem Fluchtpunkt liegt (wie ein Hochhaus) treffen sich die Seitenlinien im Fluchtpunkt.

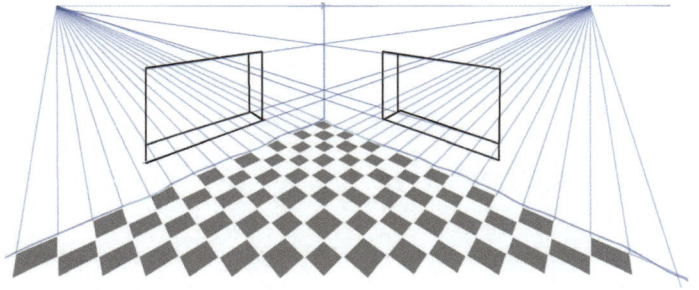

Nur was tun, wenn Sie keinen Horizont sehen, sondern einen Raum von innen? Auch der Raum hat eine Perspektive, einen Horizont (die oberste blaue waagerechte Linie).

Sie sehen hier eine **Zwei-Punkt-Perspektive**, in einer Ansicht leicht von oben.

Die Froschperspektive

Womöglich sehen auch andere kleine Wesen, die Gegenstände grö-ßer, die ihnen näher sind (hier halt die Füße). Alles, was weiter weg ist, ist kleiner. Ja, sogar der Kopf. Um diesen Effekt auszugleichen, haben riesige Statuen Köpfe, die eigentlich im Vergleich zu ihrem Körper zu groß sind.

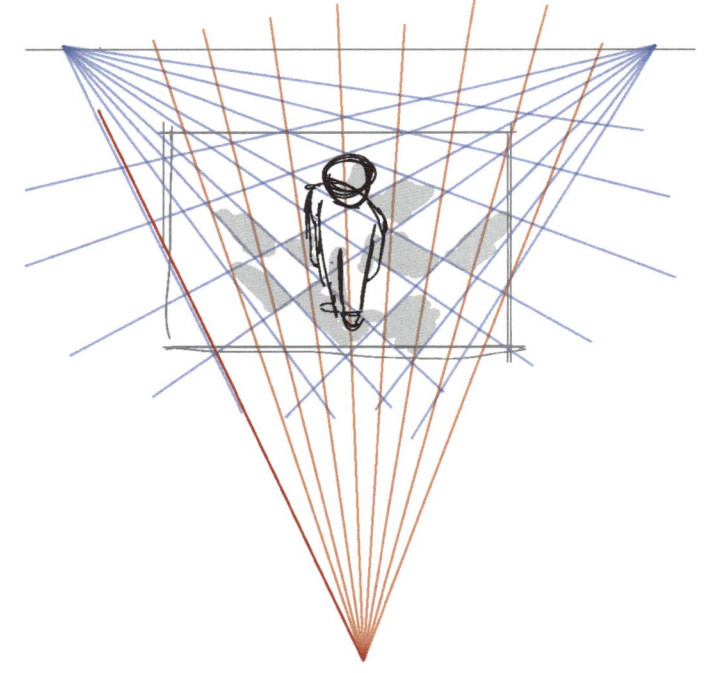

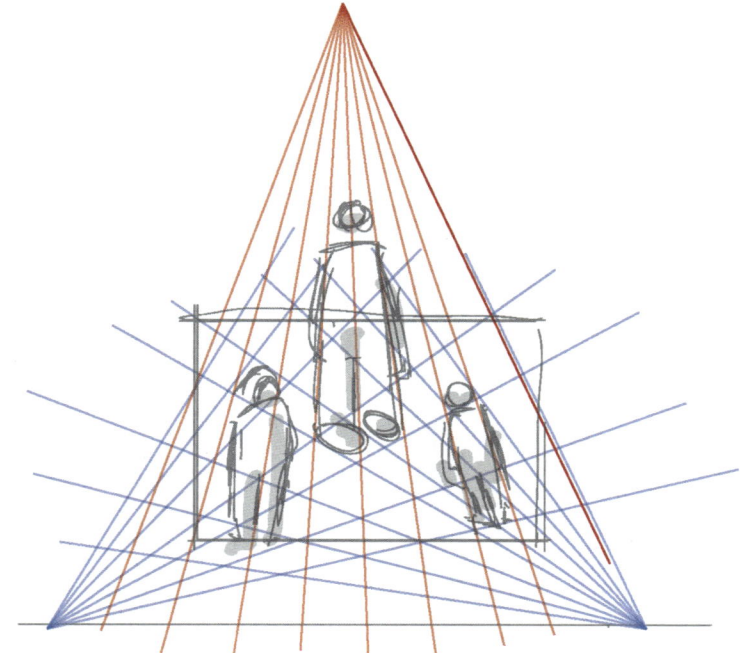

Die Vogelperspektive

Solch einen Anblick haben die Möwen, wenn sie über unseren Köpfen fliegen und in Versuchung kommen, genau jetzt zu ka-cken!

Verständlich: Das Ziel, der Kopf, erscheint größer, und alles andere wirkt kleiner.

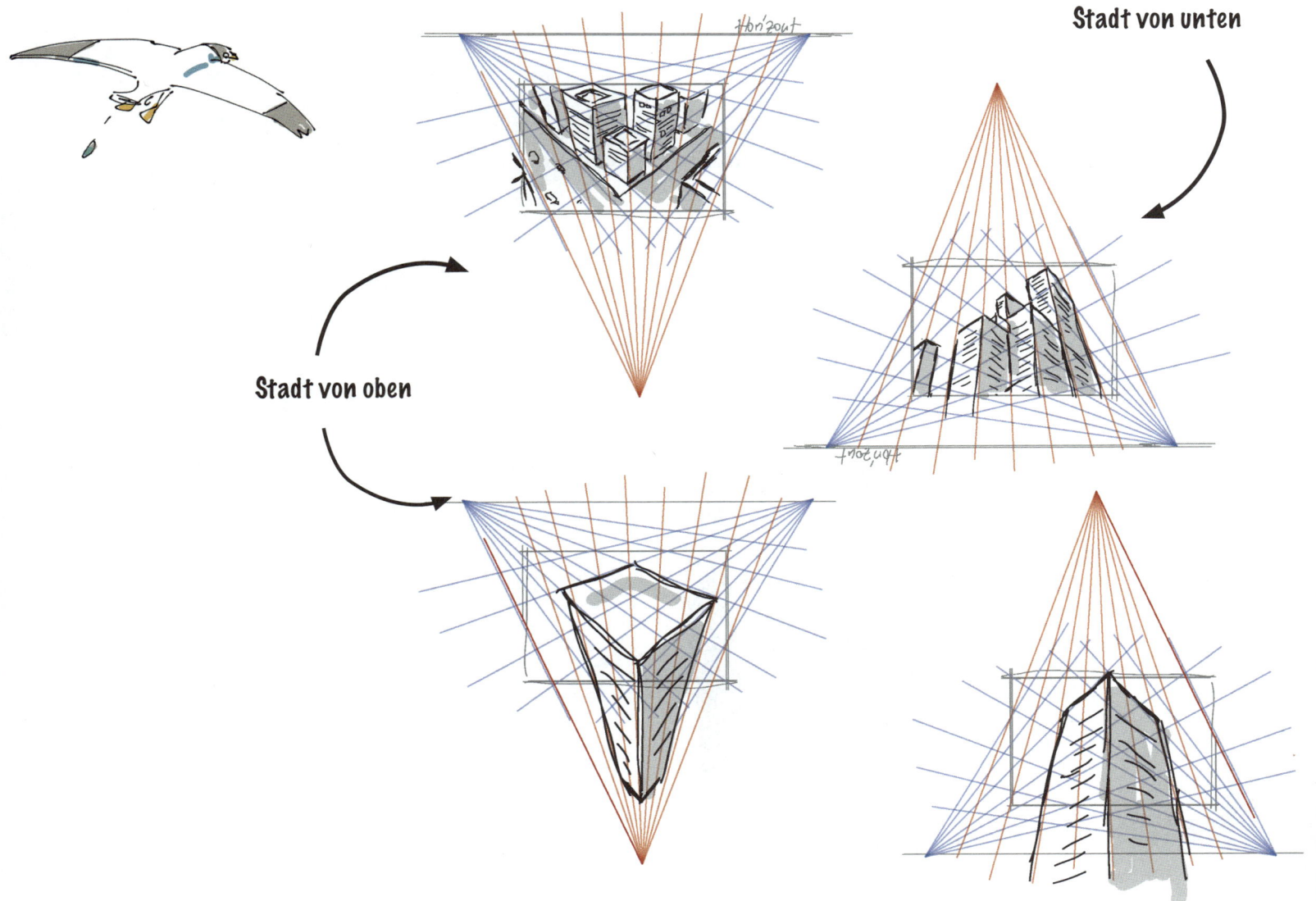

Stadt von unten

Stadt von oben

In der App Adobe Draw kann man sich sogar ein **Perspektivenraster** einblenden. Man kann die Dichte der Kästchen und die Fluchtpunkte bzw. den Blickwinkel einstellen. Dazu machen Sie die gleiche Fingerbewegung wie bein Rein- und Rauszoomen von Bildern. Indem Sie mit Ihren Fingern das Bild nach unten oder nach oben schieben, ändern Sie den Blickwinkel von der Frosch- zur Vogelperspektive.

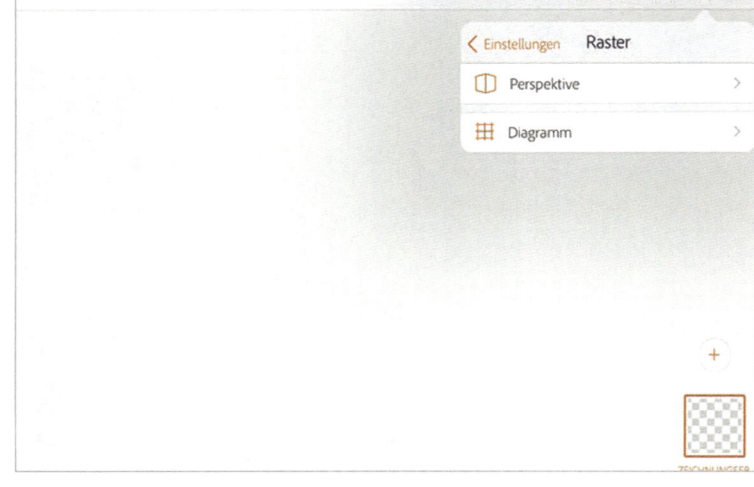

So können Sie auch Robodog perspektivisch vorzeichnen.

Foto: iStock.com/GODS_AND_KINGS

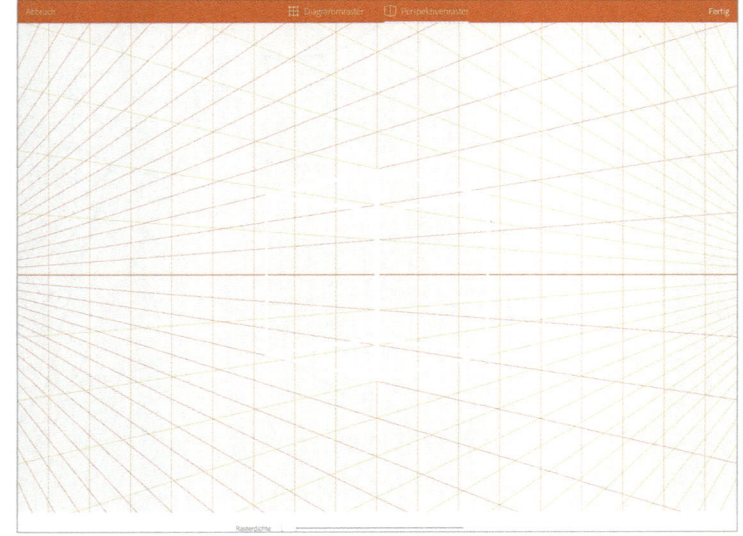

Unter »Formen« finden Sie das Lineal-Werkzeug. Dieses Lineal geht immer vom Fluchtpunkt aus.

Um die Richtung des Lineals zu ändern, tippen Sie auf einen der Würfel.

Sie können das Lineal frei drehen,. Es wird aber immer vom Fluchtpunkt festgehalten.

So verrutschen Ihre Linien nicht und Sie können eine perfekte perspektivische Zeichnung anfertigen.

Der böse Wicht herrschte mit harter Hand, er bestrafte jedes Lächern, jedes Kichern. Und so kam es, das das ganze Volk trübsinnig wurde.

...mütiger König, für ihn war es das ...cklich ist. Denn, nur ein glückliches ...(und zahlt brav Steuern).

...erkeit machte den Wicht Böse ...der böse Wicht, den König vom ...lk jeden Spaß zu verbieten!

Der Comic entsteht

Mit der App Strip Design (iPad) oder der Comic-App (Android) und allem, was Sie bisher gelernt haben, können Sie nun auch Comics, Storyboards, Customer Journeys und alles, was Sie wollen, als Geschichte erstellen.

Sie haben gelernt, wie Sie eine Geschichte erfinden und formulieren, und Sie wissen, welche Ziele Ihre Kunden haben. Und Sie haben die einzelnen Bilder zu Ihrer Geschichte schon gezeichnet. Nun geht es darum, sie zusammenzusetzen.

Ich habe die Illustrationen und die Geschichte aus dem Kapitel »Storytelling« als Beispiel verwendet, auch wenn Sie sie vielleicht kindisch finden. Sie können sich ja nun selbst eine seriöse und ernsthafte Geschichte ausdenken, um Ihre Kunden zu überzeugen. Also, App öffnen und los geht's!

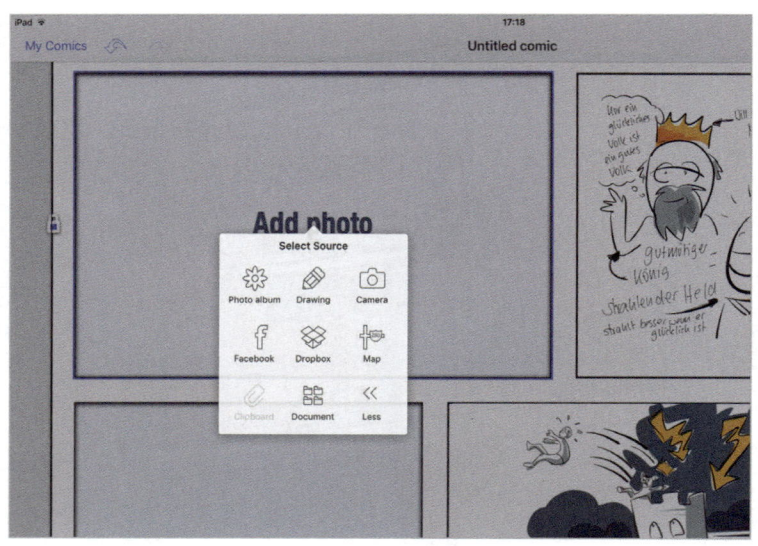

Nachdem Sie sich ein Layout ausgesucht haben, tippen Sie in ein Feld und importieren ein Bild aus Ihrer »Fotos«-Anwendung.

Sie können das Layout jederzeit ändern, indem Sie auf »Page« und anschließend auf »Layout« tippen. Hier können Sie aus einigen Templates etwas Passenderes auswählen.

Um ein Textfeld hinzuzufügen, tippen Sie auf »Cell« und auf »Text«. Die Textgröße ändern Sie mit dem Regler. (Markieren Sie vorher den gesamten Text.)

Sie können unter »Sticker« Sprechblasen und diverse Kraftausdrücke einfügen.

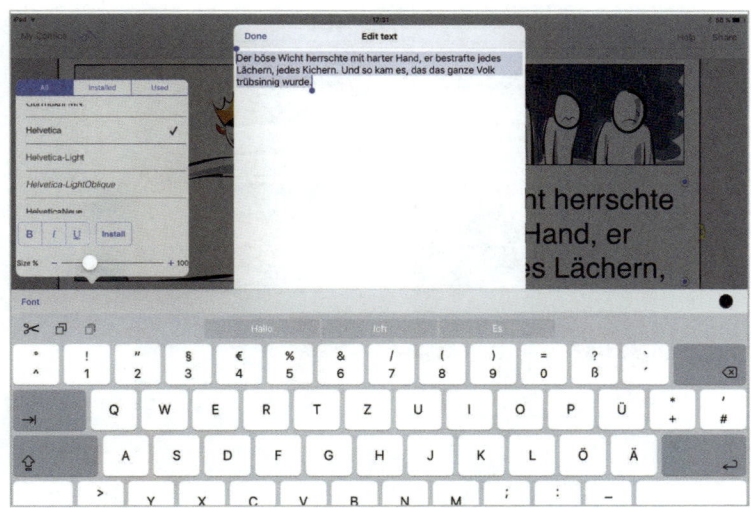

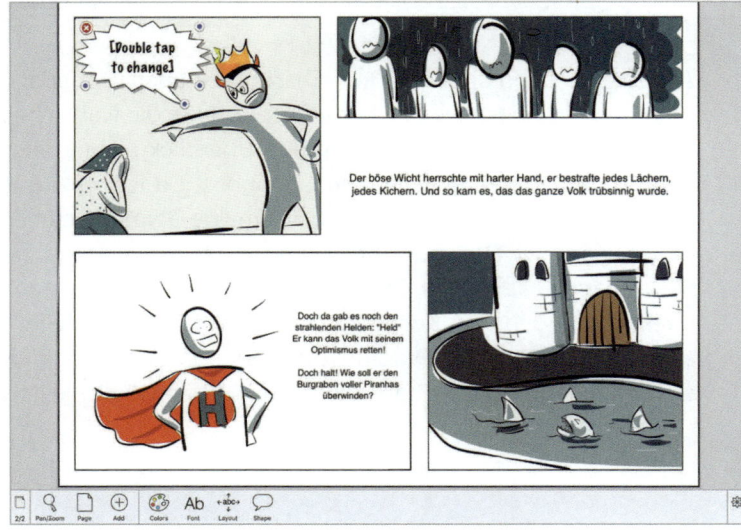

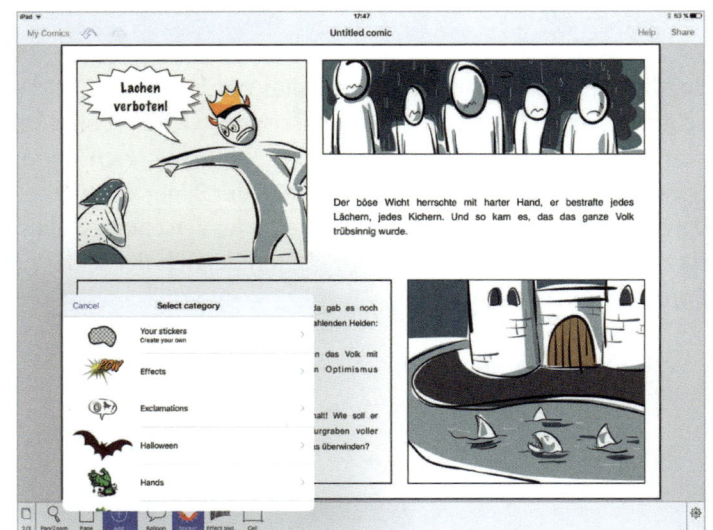

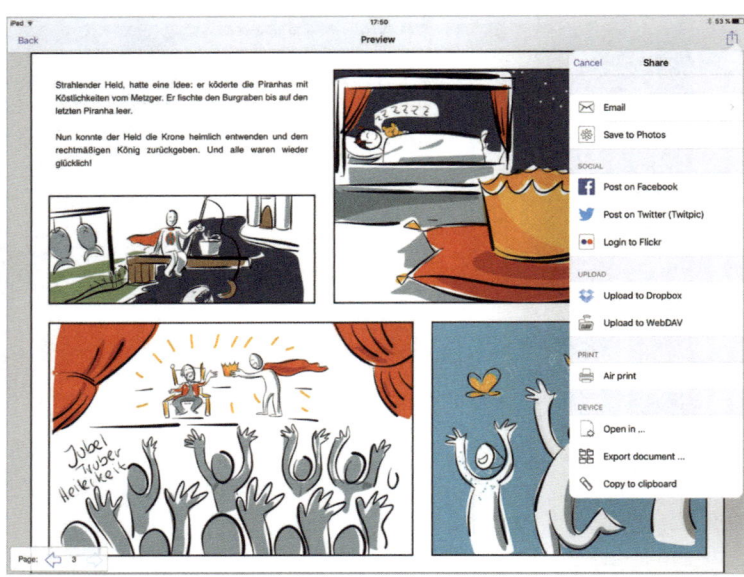

So, die Seiten sind gefüllt. Ist auch alles gut lesbar und ist die Geschichte nachvollziehbar? Die Lesbarkeit ist wichtig. Sonst verliert man schnell die Freude an dem Comic. Wenn Sie noch Texte, und Sprechblasen einfügen, könnten sie Teile der Bilder verdecken. Skalieren Sie die Bilder lieber etwas kleiner, oder verschieben Sie sie so, dass Sie ein Drittel des Platzes im oberen Bereich der Bilder für die Sprechblasen reservieren.

Alles super? Dann tippen Sie auf »Share«. Sie haben wieder die freie Auswahl: In der »Fotos«-Anwendung speichern, die wahrscheinlich über 1000 Bilder zählt und Ihnen den Überblick nicht erleichtert, oder in dem Cloud-Speicherdienst Dropbox. Da ich viele gut sortierte Ordner in Dropbox habe und alle meine Geräte darauf Zugriff haben, wähle ich Dropbox. Entscheiden Sie selbst, je nachdem, was Sie vorhaben. Sie können Ihren Comic auch als PDF speichern und direkt an Kunden oder Kollegen schicken, auf Facebook teilen oder auch zu Ihren Notizen (Evernote oder App Ihrer Wahl) senden. Mit der Option »Öffnen mit« haben Sie viele weitere Möglichkeiten.

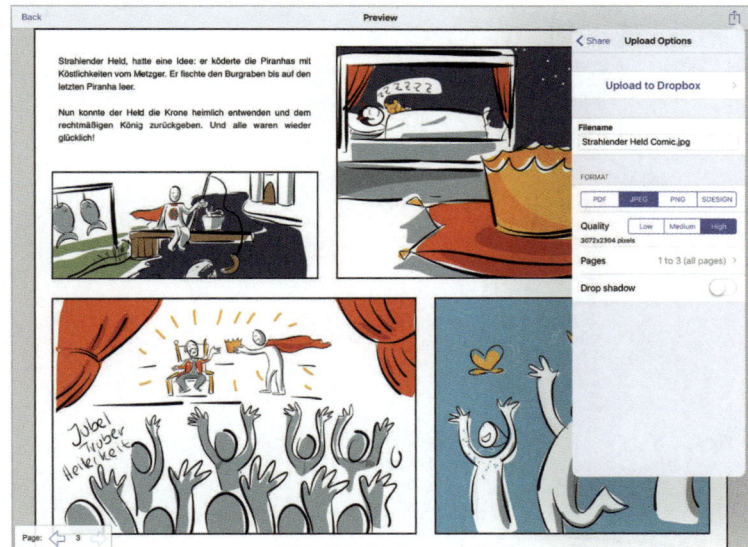

Wenn Sie den Comic in einer Präsentation verwenden möchten, können Sie ihn als JPG speichern. Die Auflösung ist mehr als ausreichend dafür.

Das könnte der Beginn einer wunderbaren Heldenreise werden!

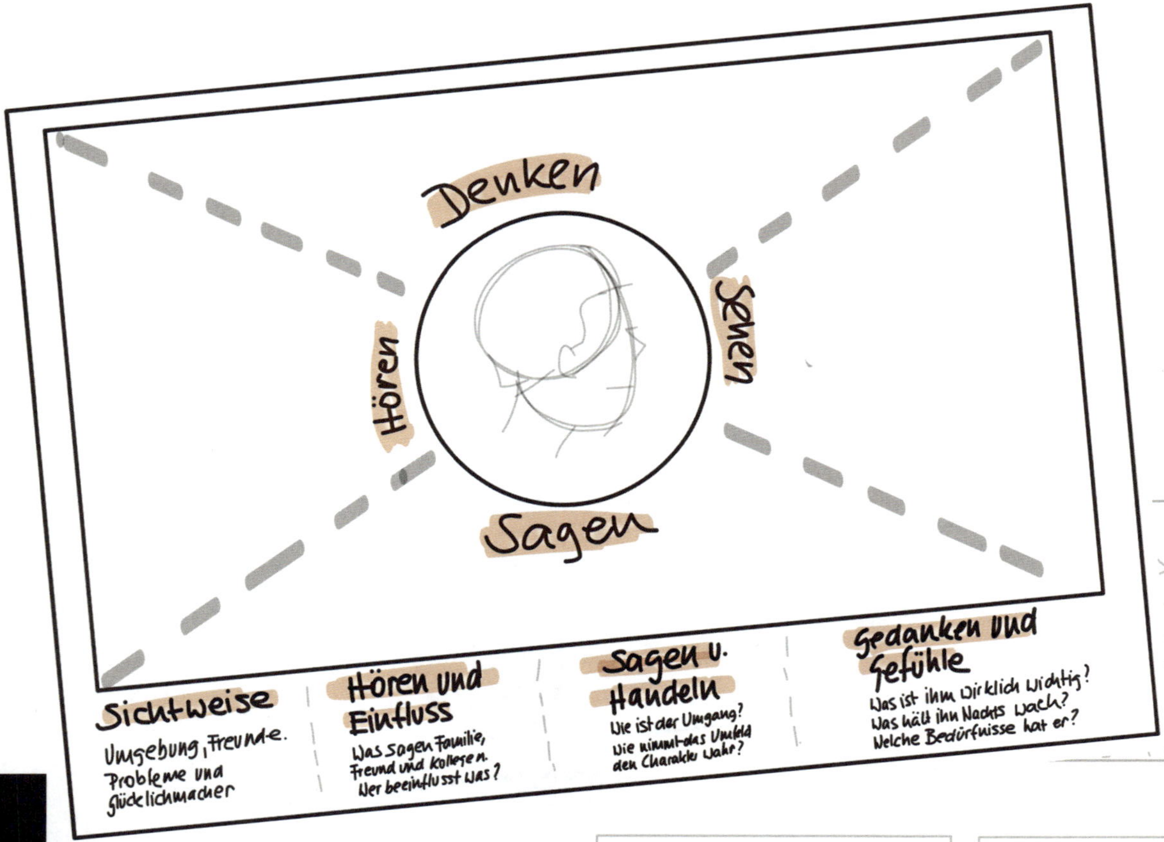

Denken

Hören

Sehen

Sagen

Sichtweise

Umgebung, Freunde.
Probleme und
glücklichmacher

Hören und Einfluss

Was sagen Familie,
Freund und Kollegen.
Wer beeinflusst WAS?

Sagen u. Handeln

Wie ist der Umgang?
Wie nimmt das Umfeld
den Charakter wahr?

Gedanken und Gefühle

Was ist ihm wirklich wichtig?
Was hält ihn Nachts wach?
Welche Bedürfnisse hat er?

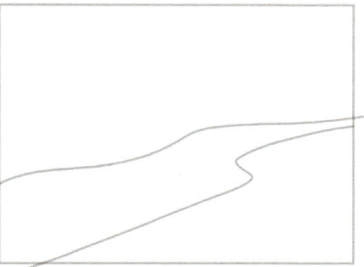

Die Customer Journey Map

als Comic

Ein Comic?! Ja! Die Übergänge sind fließend. Ob Sie eine Customer Journey (Heldenreise, mit dem Kunden als Held), oder einen Comic erstellen, oder eine Foto-Lovestory – das Prinzip ist das gleiche. Sie brauchen einen Helden (einen Charakter) und eine Herausforderung, die er durchleben muss. Ein typisches Beispiel ist ein Tag im Leben eines Kunden. Welche Herausforderungen begegnen ihm, wie könnte die Lösung für sein Problem, wie das Happy End aussehen?

Mit Comics können Sie auf sympathische Weise eine Geschichte erzählen. Die Theorie haben Sie ja schon in den vorherigen Kapiteln gelernt.

Es braucht etwas Vorbereitung, um den Helden und sein Umfeld gut zu beschreiben und sich in ihn hineinzufühlen. Um wen geht es hier eigentlich? Was macht die Person aus? Was tut sie?

Erschaffen Sie eine Person, kritzeln Sie charakteristische Details hinzu (Brille, Frisur, ...). Skizzieren Sie in den Kästchen wich-

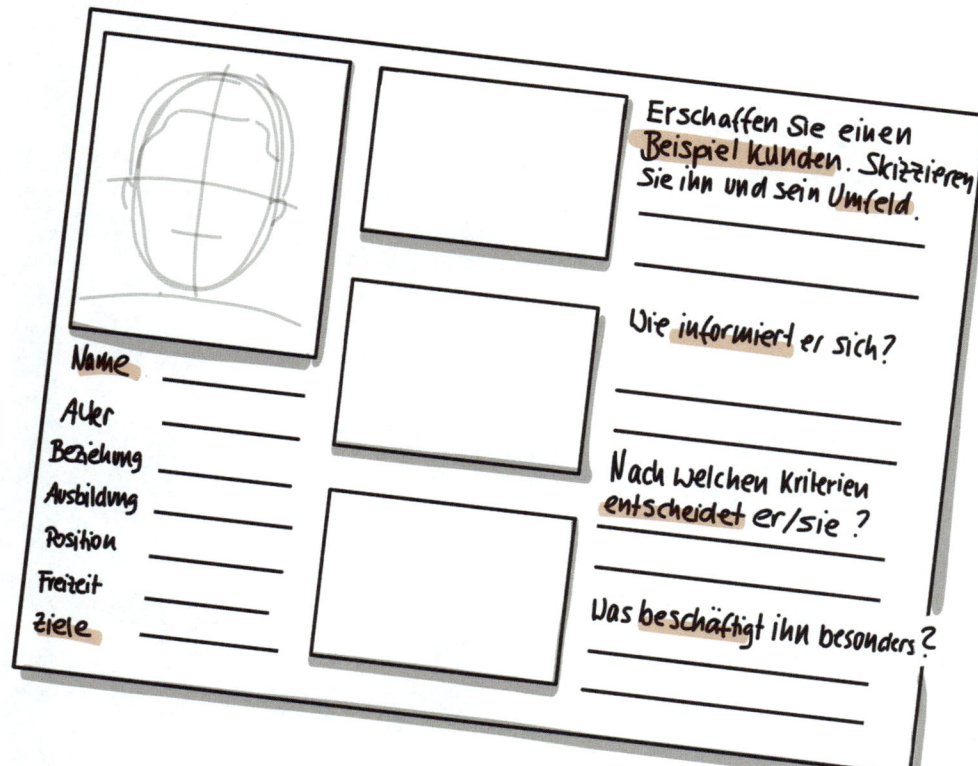

tige Elemte im Umfeld der Person (Familie, Arbeit, Wohnung ...).

Wenn Sie alle Eigenschaften festgehalten haben, können Sie sich leichter einen Tag im Leben eines Kunden, Anwenders oder Ihres Helden als Customer Journey vorstellen. Vielleicht fallen Ihnen so kleine Stolpersteine auf, oder Sie finden eine weitere Lösung, Ihren Kunden glücklich zu machen, weil Sie auf diese Weise besser vom Kunden aus denken können.

13. Sandras schmutzige Tricks

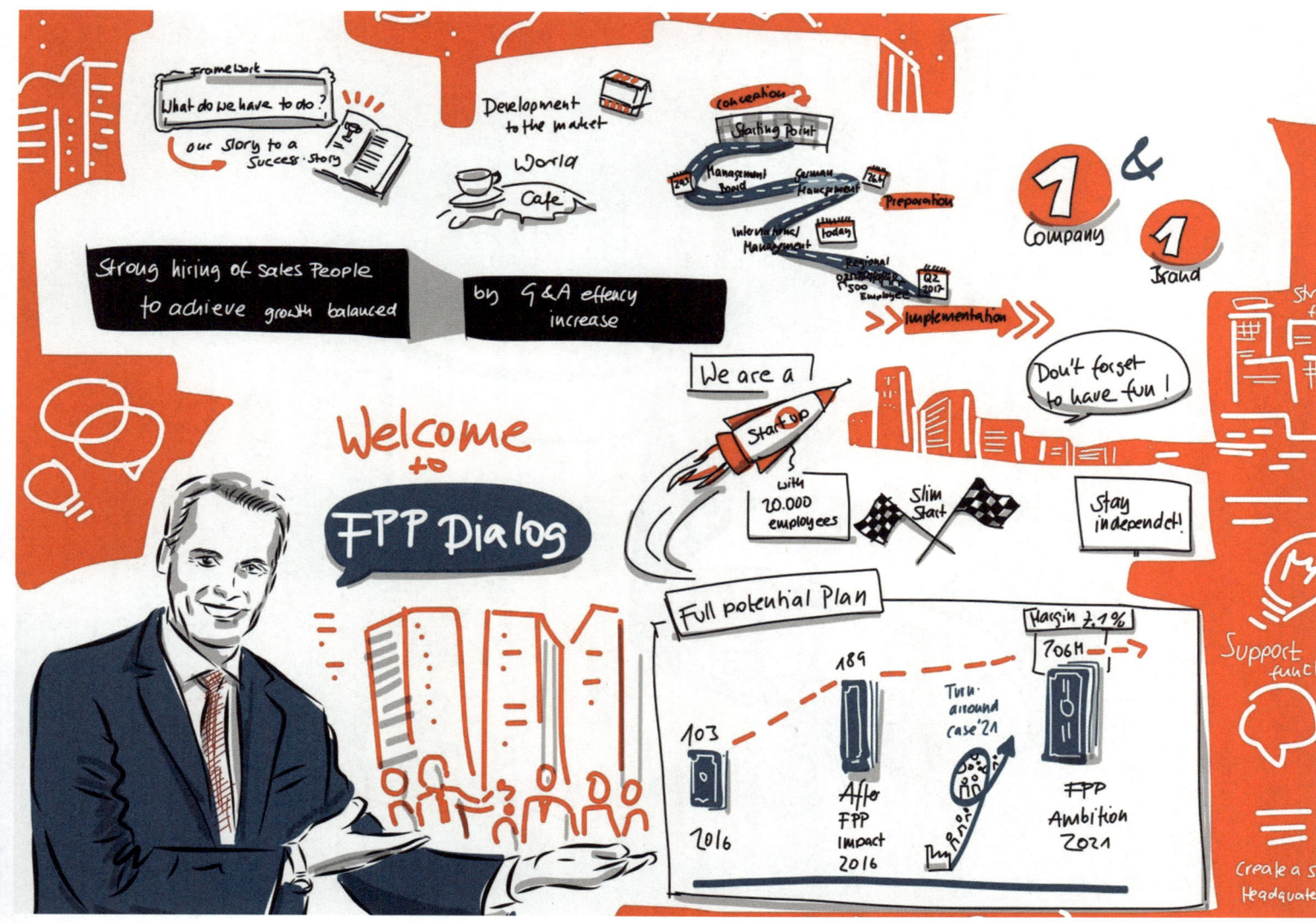

Trick #1

Abpausen

In Künstlerkreisen ist das Abpausen ein böses »Pfui!«. Nein, das tut man nicht, da geht die persönliche Note verloren.

Ich tue es trotzdem! Schon als Kind habe ich abgepaust, um zu lernen, wie man Comicfiguren zeichnet (und weil ich immer zu wenige Malbücher hatte).

Heute pause ich Fotos auf dem Tablet ab, wenn ich etwas nicht ganz so gut zeichnen kann (Autos zum Beispiel) und weil es schnell gehen muss. Meistens, wenn ich bei einer Konferenz die Redner zeichne. Ich stalke die Redner im Internet, speichere deren Profilbild, lade es in meine Zeichen-App, stelle die Deckraft herunter und zeichne auf der nächsten Ebene das Foto nach. Dann habe ich neben einer Überschrift in Schönschrift, meine erste gut gelungene Zeichnung. Das ist die halbe Miete; danach fallen die schnellen, nicht so perfekten Zeichnungen nicht mehr ins Gewicht.

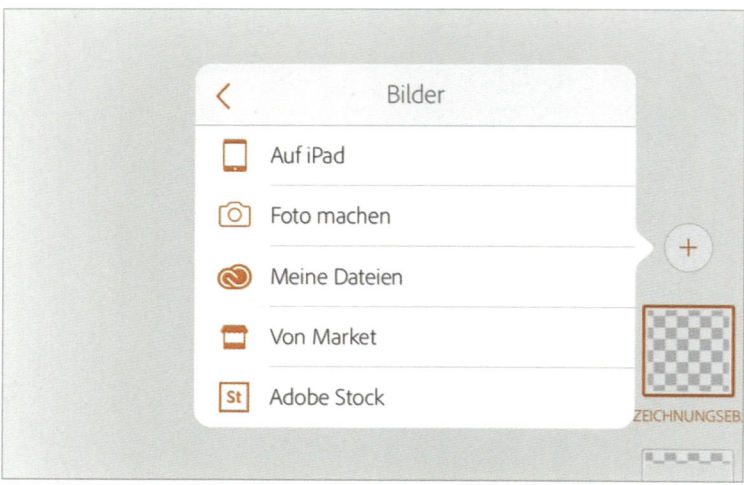

Das Wichtigste beim Abpausen ist, dass man die Kontur, den Schatten, die Farbe und den Glanzeffekt jeweils auf eine neue Ebene zeichnet. So kann man immer wieder korrigieren oder neu anfangen, ohne das Bisherige zu zerstören.

Trick #2

Fotos als Template

Als ich mal wieder in die Verlegenheit kam, einen Vortrag von Reinhard Ematinger über den »Frida Code« live auf dem Tablet festzuhalten, musste ich etwas improvisieren.

Ich war für die bildliche Untermalung des Vortrags zuständig. Wie so oft war die Zeit zu knapp. Meine Aufgabe war es also, bestehende Modelle (wie das Customer Value Canvas, rechts im Bild) zu zeigen und gleichzeitig Inhalte live mitzuzeichnen. Mit der App Paper ging das wunderbar. Das Customer Value Canvas lag als DIN-A3 Ausdruck und Anschauungsmaterial für die Zuhörer vor mir. Da es zu lange dauern würde es nachzuzeichnen, machte ich ein Foto mit dem Tablet und legte es in der App Paper als Hintergrundbild an. Mit anderem Bildmaterial für den Vortrag machte ich das Gleiche: Ich nahm (Stock-)Fotos als Hintergrund und zeichnete auf den Fotos die Inhalte und Beschreibungen während des Vortrags.

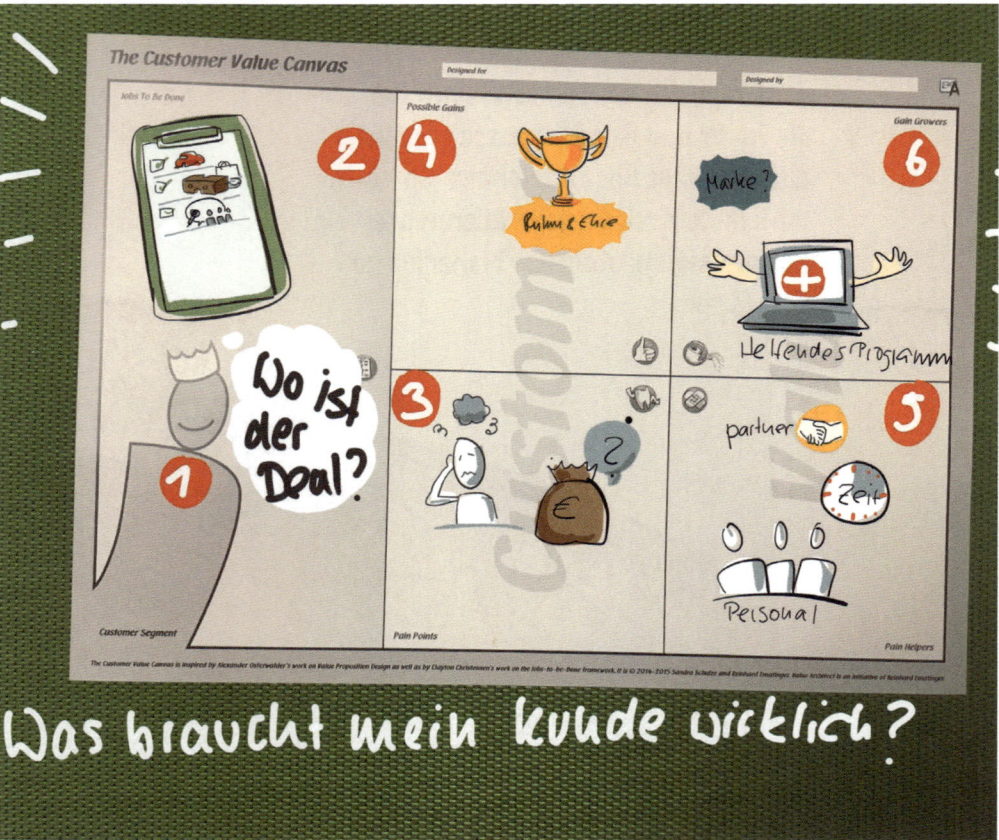

Neues Blatt anlegen, aufs Fotosymbol tippen

Farbfläche mit der Rolle anlegen, dann den Text schreiben

Trick #3
Skizzen aufhübschen

Ich liebe mein Tablet sehr. Und doch, kommt es nicht selten vor, dass ich, bevor ich etwas Komplexes auf dem Tablet zeichne, erst einmal mit Stift und Zettel skizziere. Besonders wenn ich etwas mit meinen Kunden zusammen erarbeite, zeichne ich erst auf Flipchart oder A4-Papier. Wenn alles so ist, dass meine Kunden und ich zufrieden sind, dann setze ich es digital auf meinem Tablet um. Ehrlich gesagt pause ich wieder ab. Ich fotografiere die Skizze und zeichne sie nach. Dabei kann ich bei der digitalen Zeichnung immer wieder Striche korrigieren und verändern. Dadurch wirkt die Skizze am Ende ruhiger und sauberer.

Da Zeichnungen in Adobe Draw Vektoren und in Paper (und anderen Apps) sehr hochauflösend sind, können diese gut weiterverarbeitet und gedruckt werden. Mehr darüber lesen Sie in Kapitel 10 unter »Exportieren«.

vorher

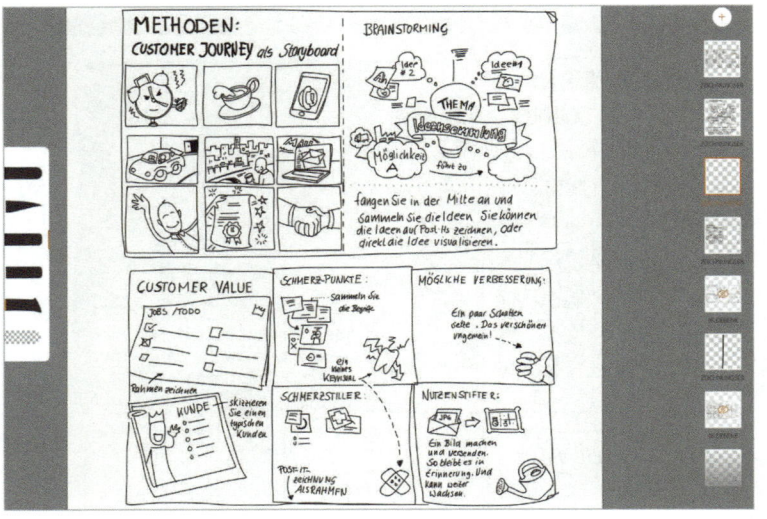

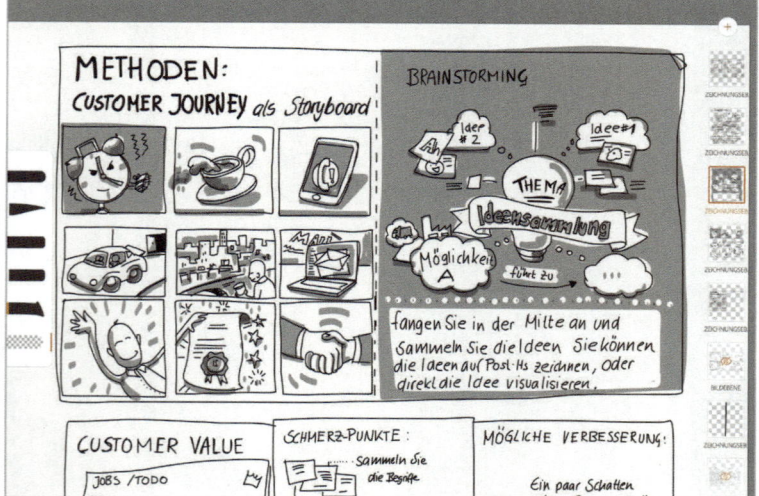

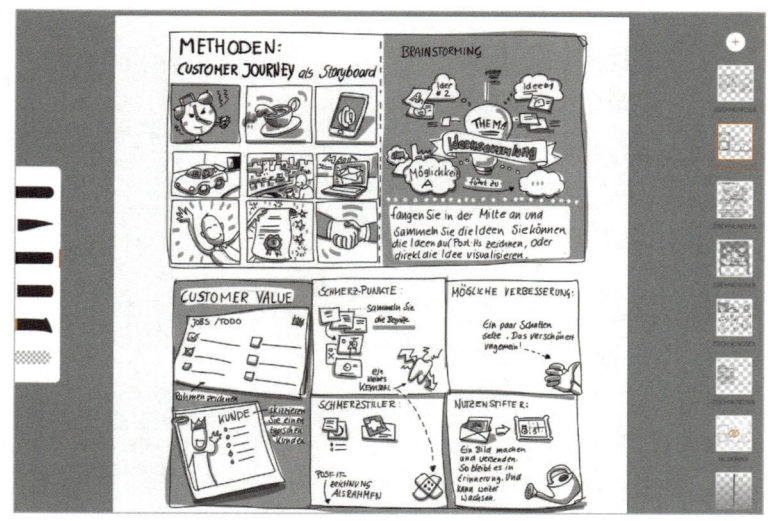

nachher

Ein Gestalter-Trick für eine bessere Lesbarkeit besteht darin, eine helle Fläche neben einer dunkle Fläche zu setzen, ähnlich wie bei einem Schachbrettmuster. Das erhöht den Kontrast und ist somit leichter zu lesen.

In dunklen Bereich oben rechts habe habe ich erst eine rechteckige Fläche mit meinem »Schattenstift« (Marker in Schwarz mit 20% Deckkraft) gefüllt und dann mit dem Radiergummi die Wolken und Post-Its gezeichnet. Das ist nur zu empfehlen, wenn man die Schatten wirklich auf einer eigenen Ebene angelegt hat.

Trick #4
Tablet spiegeln und aufnehmen

Ganz ohne Computer geht es auch nicht. Wenn ich Übungsfilme erstelle, gezeichnete Präsentationen, Erklärfilme, Webinare oder Telkos mitschneiden möchte, dann spiegele ich mein Tablet auf meinen Computer. Vielleicht haben Sie es schon bemerkt, ich arbeite mit einen iPad Pro und einem MacBook. Mit der Software AirServer (14 €) kann ich den Bildschirm des iPad auf meinen Mac übertragen. Wenn Sie ein Android- Tablet haben, können Sie die App MyPhoneExplorer Client oder ApowerMirror verwenden.

Mit Quicktime können Sie im Übrigen auch Bildschirmaufnahmen machen und so Ihre zuvor angefertigten Filme und Präsentationen aufnehmen.

Bevor Sie etwas Illegales tun, möchte ich Sie gerne warnen: Das Mitschneiden ist nur bei eigenen Filmen erlaubt!

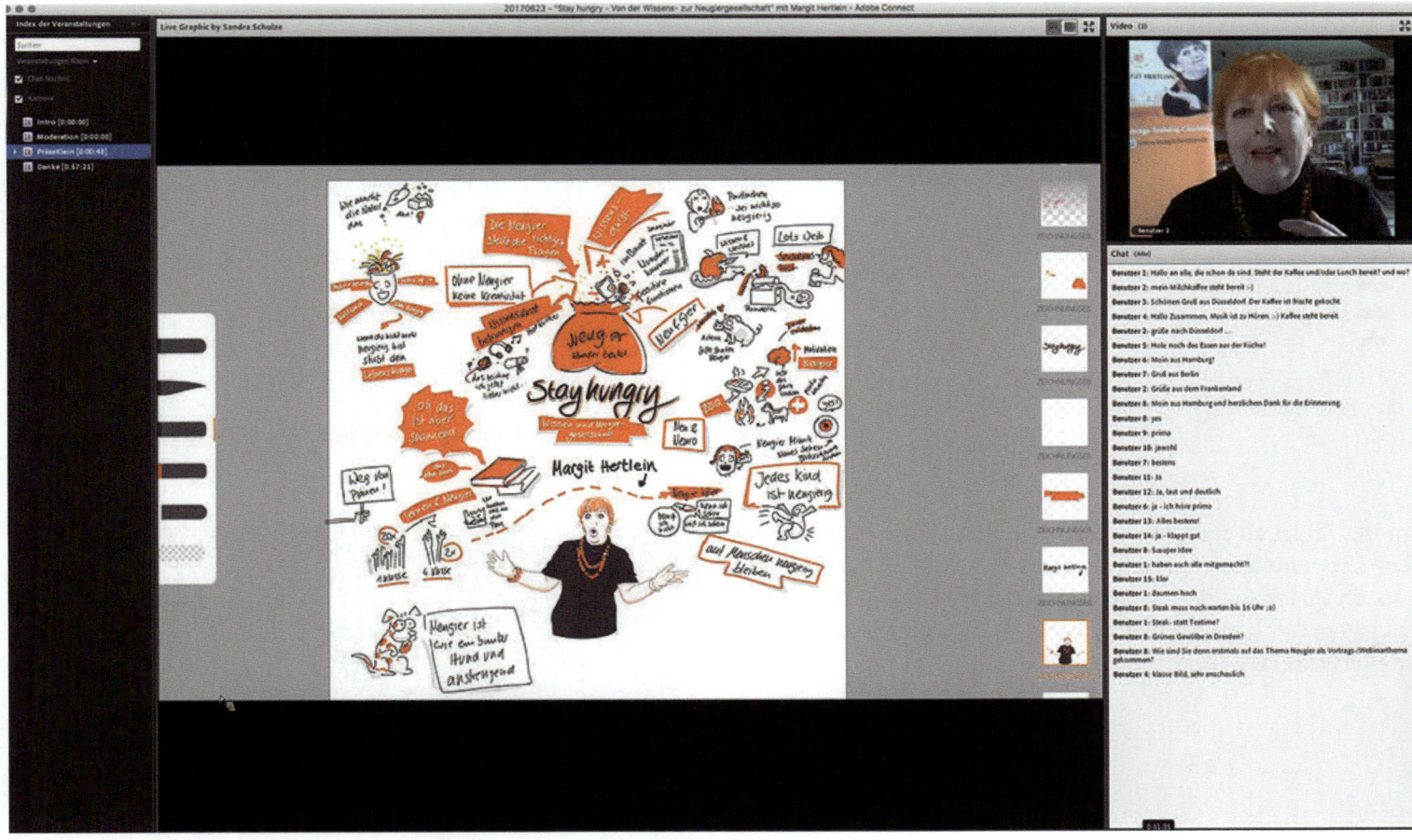

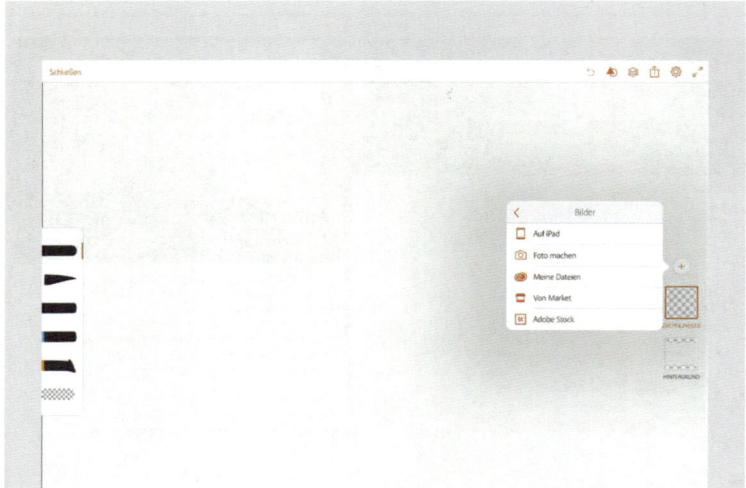

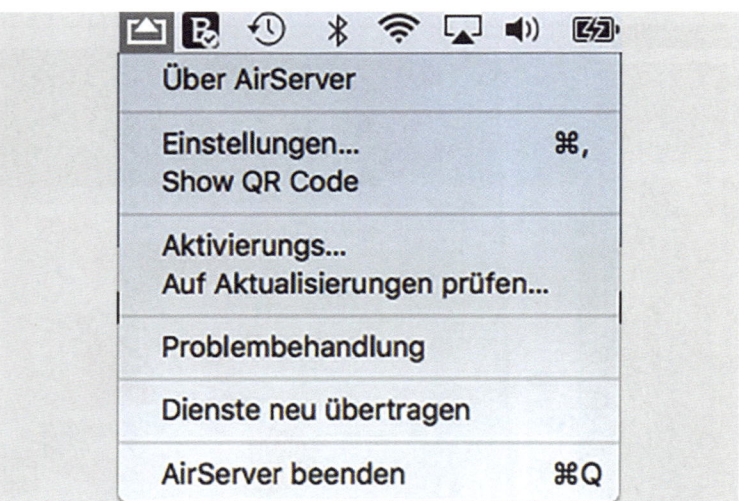

Um das Tablet zu spiegeln, müssen Sie zuerst das Programm auf dem Computer öffnen. Lassen Sie dann den QR-Code anzeigen und scannen Sie ihn mit dem Tablet. Danach öffnen Sie auf dem Tablet (mit einem Wisch von der unteren Kante nach oben) das Bedienfeld für AirPlay und wählen das MacBook aus. Tadaa!

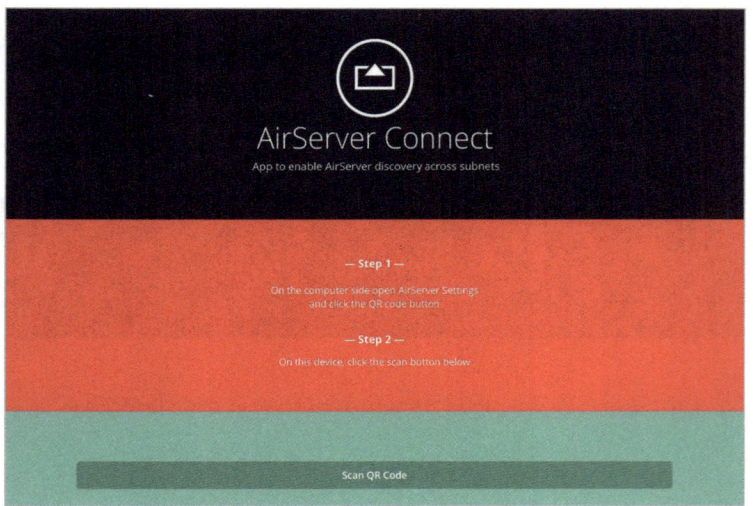

Jetzt sollten Sie Ihr Tablet gespiegelt haben. Mit dem roten Knopf können Sie nun alles aufnehmen, was Sie zeichnen, und es später in einem Schneideprogramm Ihrer Wahl gegebenenfalls bearbeiten.

Wenn Sie an einer Telefonkonferenz oder einem Webinar teilnehmen, können Sie in dem Telefonkonferenzprogramm (z. B. Adobe Connect) nun auf »Bildschirm teilen« klicken. Jetzt können alle Teilnehmer Ihren Zeichnungen und Erklärungen folgen.

Trick #5
Steal like an Artist

Man muss nicht immer das Rad neu erfinden und was weiß ich für neue Symbole und Kompositionen entwickeln. Wenn mir mal gar nichts einfällt und auch das Briefing vom Kunden eher verwirrend ist, dann surfe ich ein wenig im Netz und schaue mir an, was es schon für Bilder zu dem Thema gibt. Google ist da schon praktisch. So eine Bildsammlung über Industrie 4.0 ist schon was wert. Dann überlege ich, was von den Bildern gut zum Auftrag passt und was sich gut in das Gesamtbild einfügt. Dann zeichne ich das Bild etwas abgewandelt ab. Auch Infografiken auf diversen Plattformen, Design-Bücher und Magazine helfen mir, eine Idee für eine schöne neue Anordnung eines Gesamtbildes zu entwickeln. Die Ideen skizziere ich und teste erst mal, ob diese »geklaute« Idee auch zu den Informationen, die ich umsetzen möchte, passt.

Trick #6
Effekthascherei

Mit Effekthascherei meine ich nicht die supertollen Animationseffekte in PowerPoint, sondern Stilelemente, Farben, Schatten und Transparenzen.

Ein paar coole Effekte sind dreidimensional dargestellte Elemente, saubere Konturen (gerne auch mal fett und farbig) sowie vorbereitete Elemente. Schatten machen alles viel schöner. Das gilt auch für dunkle Farbflächen, auf denen man weiß oder farbig schreibt. Einige »fancy«, also besonders schön geschriebene Textelemente und zum Schluss mit Weiß ein paar Glanzeffekte zaubern. Yeah!

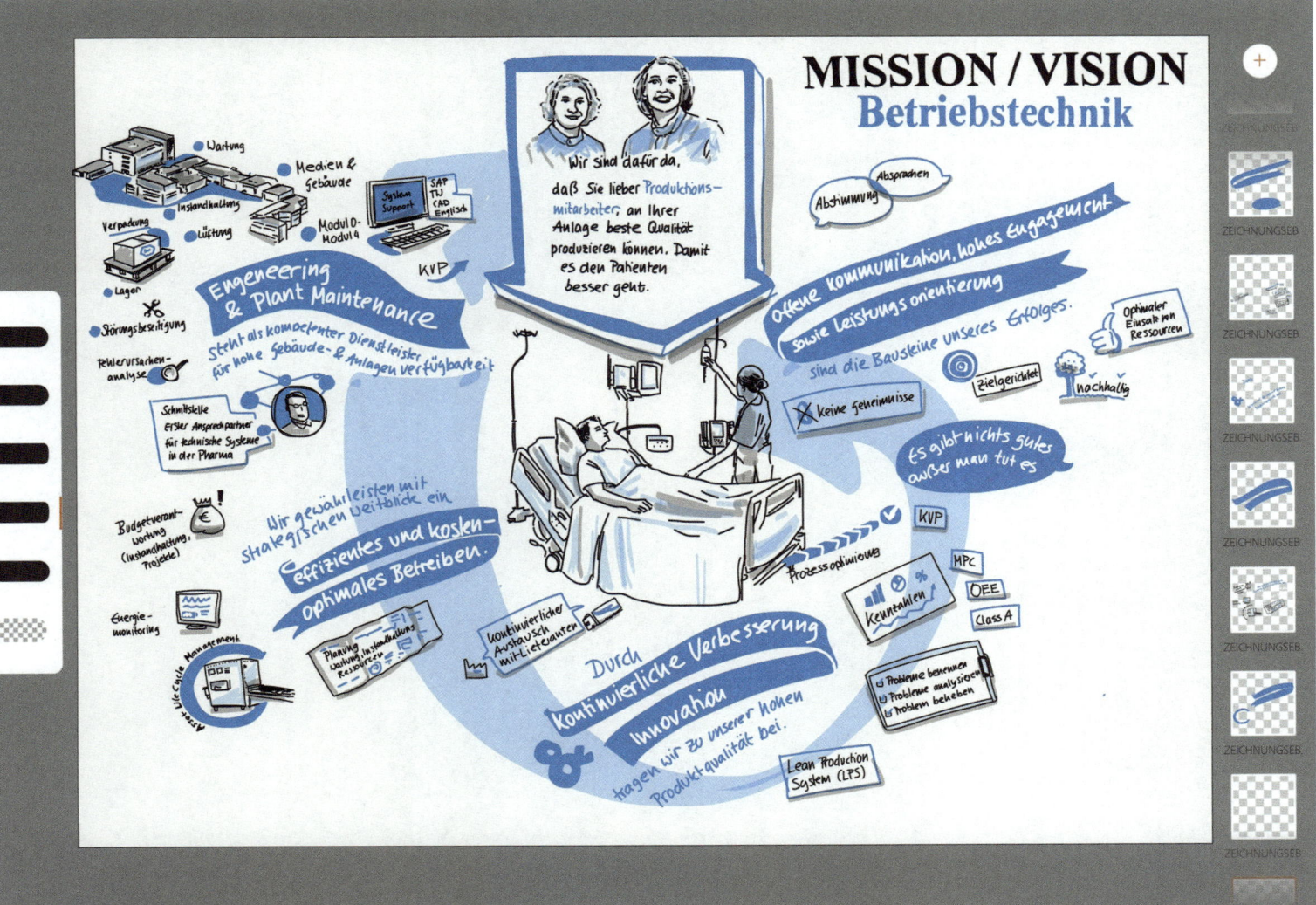

14. Coole Gadgets

USB-Stick für iPad

iXpand Drive schafft mühelos freien Speicherplatz, sorgt für die automatische Sicherung Ihrer Fotos und ermöglicht Ihnen das Ansehen von Videos gängiger Formate direkt auf dem Laufwerk. Das Laufwerk verfügt über einen flexiblen Lightning-Stecker, der mit den meisten Hüllen kompatibel ist, sowie über einen USB-3.0-Anschluss zur Verbindung mit Ihrem Mac-Computer oder PC, damit Sie Ihre Dateien problemlos verschieben können

Tablet auf den Laptop spiegeln

Die Software Air Server kostet 14 €. Sie ist für Mac und PC unter www.airserver.com erhältlich.

In manchen Meetingräumen wird die Verbindung geblockt, da hilft ein eigener kabelloser Router, den Sie an den Laptop anschließen (bit.ly/aufdemtablet-8).

Smarte Moleskine-Notizbücher

Für den unwahrscheinlichen Fall, dass Sie mal Ihr Tablet vergessen haben: analoge Notizen machen, abfotografieren, vektorisieren, aufhübschen und in die Projekte einsortieren.

Mit dem Moleskine Smart Notebook, Creative Cloud connected können Sie mit der Hand angefertigte Zeichnungen sofort in voll bearbeitbare, elektronische Dateien umwandeln. Zeichnen Sie auf einer beliebigen Seite in diesem Notizbuch und laden Sie die Creative Cloud connected Moleskine-App aus dem App Store herunter. (Wenn Sie noch keine Adobe-ID besitzen, legen Sie sie zunächst unter www.adobe.com/go/moleskine an.) Mit der App scannen Sie Ihre Zeichnung ein. Sie nutzt die speziellen Seitenmarkierungen, um das Bild als JPG-Datei zu verarbeiten und zu optimieren, bevor es in eine SVG-Datei konvertiert wird. Über Ihr Adobe Creative Cloud-Konto können Sie Ihre Werke einfach mit der Creative Cloud synchronisieren und zur weiteren Bearbeitung in Adobe Illustrator CC oder Adobe Photoshop CC öffnen.

Gadget Power

Stellen Sie sich vor, Sie dokumentieren, illustrieren und bauen Präsentationen über den Tag verteilt, um sie am Ende der Veranstaltung mit Ihrem Tablet zu präsentieren. Und genau jetzt ist der Akku leer.

Ist mir wirklich schon passiert. Einmal und nie wieder. Auch wenn man das Tablet an den Strom hängt, schafft das Ladegerät es nicht gleichzeitig zu voll aufzuladen, während man damit arbeitet.

Das kann mit der PowerCore von Anker nicht mehr passieren. Mit turbostarken 20100 mAh können Sie Ihr Tablet schnell und zuverlässig aufladen, obwohl Sie nebenbei ohne Einschränkung damit arbeiten (bit.ly/aufdemtablet-9a).

Eine schicke Tasche für Akku, Kabel und Stecker kann man auch dazubestellen (bit.ly/aufdemtablet-9b).

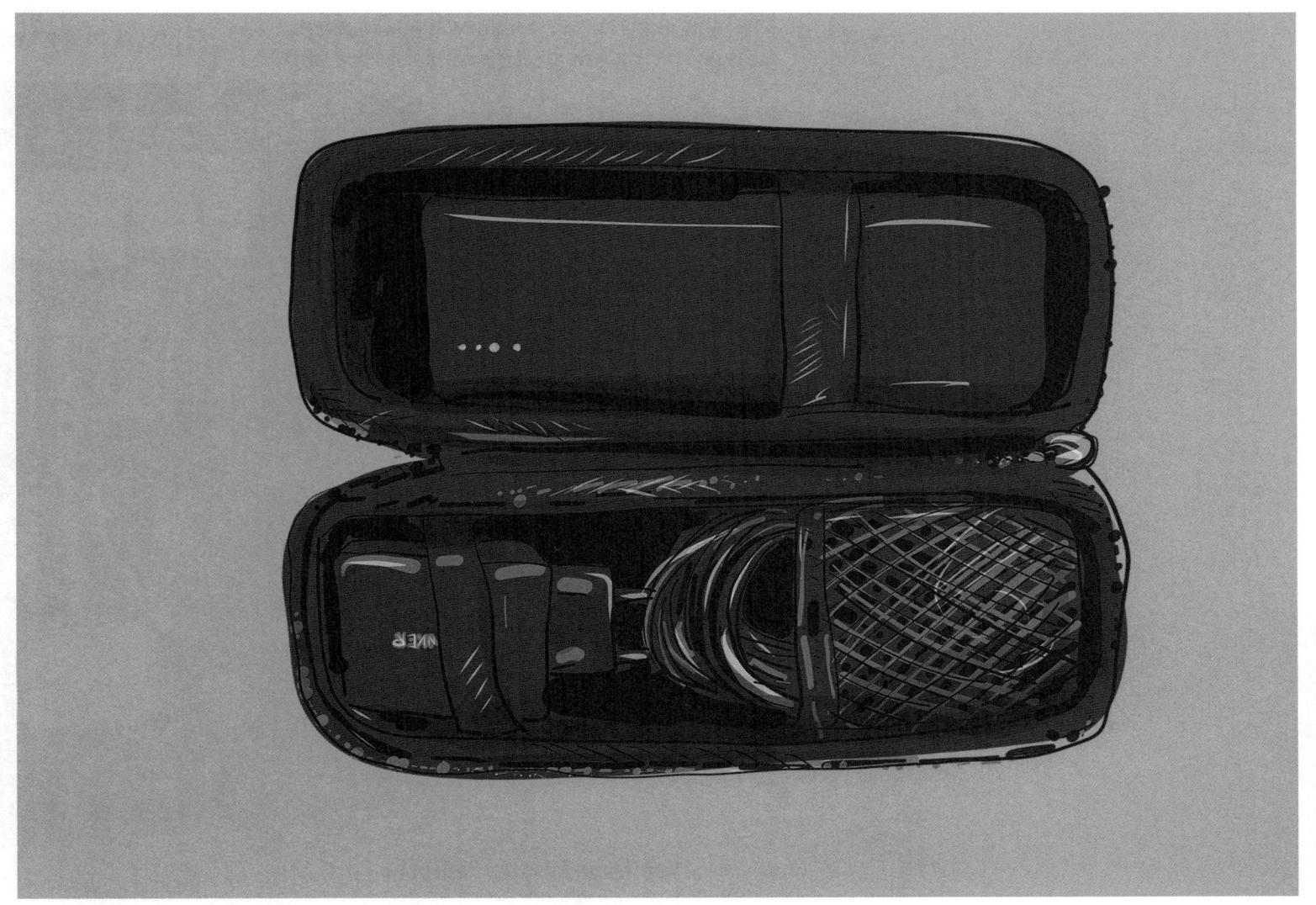

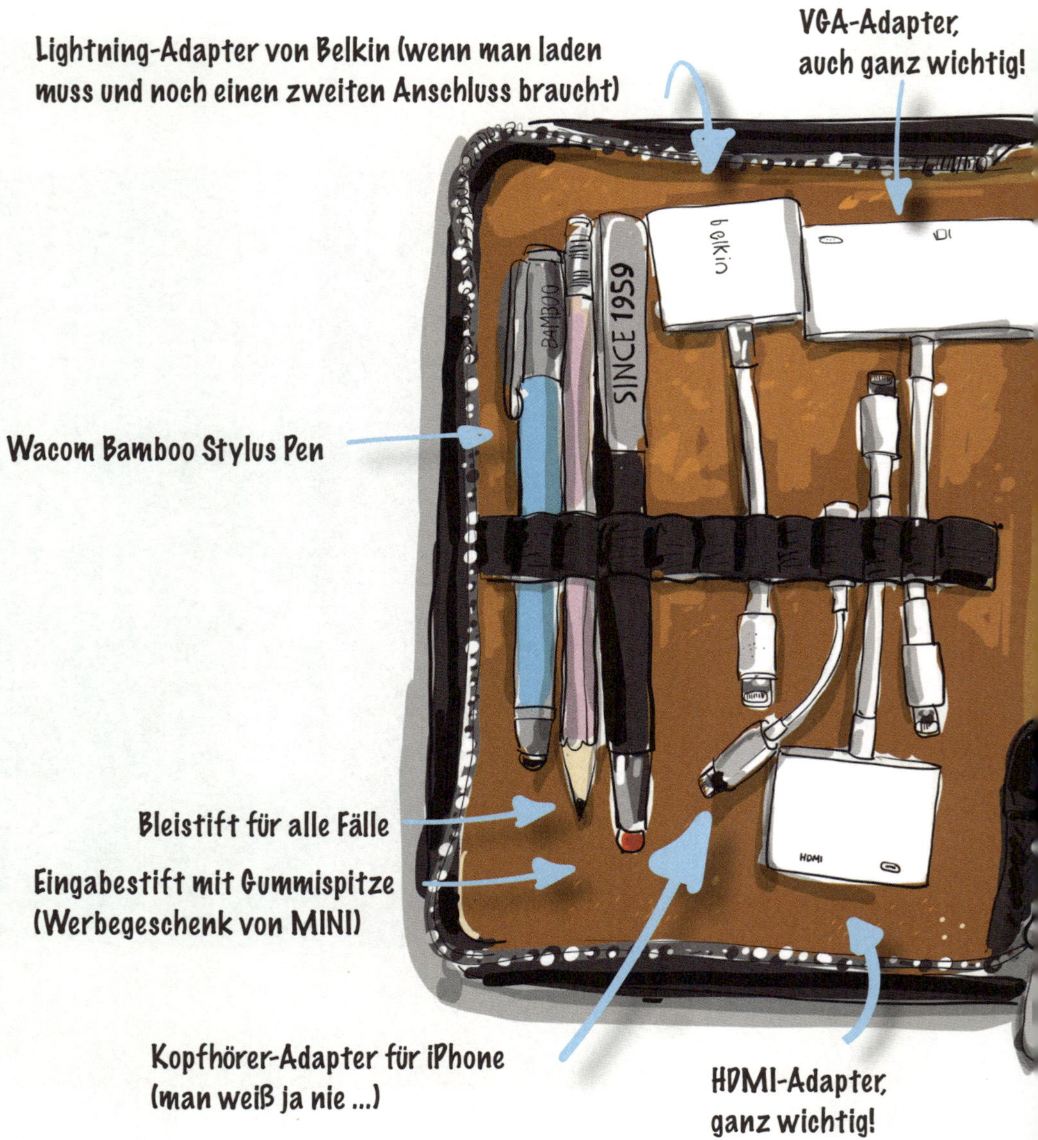

Lightning-Adapter von Belkin (wenn man laden muss und noch einen zweiten Anschluss braucht)
VGA-Adapter, auch ganz wichtig!
Wacom Bamboo Stylus Pen
Bleistift für alle Fälle
Eingabestift mit Gummispitze (Werbegeschenk von MINI)
Kopfhörer-Adapter für iPhone (man weiß ja nie ...)
HDMI-Adapter, ganz wichtig!
belkin
BAMBOO
SINCE 1959
HDMI

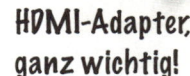

Paper 53 Pencil
Android und iPad

Apple Pencil

USB-Stick

USB-Stick von Scan Disk zum Übertragen der Daten vom iPAD auf den Laptop

Brillenputztuch zum Reinigen des Displays

Ersatzspitzen vom Paper 53 Pencil (Ich habe einen hohen Verbrauch.)

Fine Point Active Sense für Android und iPad

15. Wissenswertes

Was zum Lernen

Verbal to Visual
Kurze Videos mit kleinen Tricks zum Visualisieren
www.verbaltovisual.com

Skillshare
Der Online-Klassenraum für alles, was mit Design und Zeichnen zu tun hat. Die ersten 30 Tage sind kostenlos, danach kostet es 8.25 $ pro Monat.
www.skillshare.com

App Stickman 2
Zum Spielen und Zeichnenlernen

Der Podcast von Mike Rohde »**Sketchnote Army**« stellt viele nützliche Tricks vor.
www.sketchnotearmy.com

Nützliche Apps

Rocket Pics
Visualisierungs-App für faule Schöngeister: Symbolideen mit der Möglichkeit, die Bilder direkt in PowerPoint zu verwenden.

Photoshop Sketch
Auch eine schöne Zeichen-App

Paper One
Das Gegenstück zu Paper fürs Android-Tablet

Animator, von Pics Art
Schnell schöne Animationen zeichnen

Connect
Die App zu der Software Air Server. Damit verbinden Sie Ihr Tablet mit dem Computer ohne Kabel.

Moldiv
Fotocollagen erstellen. Es müssen ja nicht immer Fotos sein, auch einzelne Illustrationen können Sie so auf einem Gesamtbild anordnen.

Adobe Capture oder Adobe Shape
Diese Apps verwandeln Fotos in Vektoren, erstellt Muster, Pinsel aus Fotos. Sie können Farbdesigns aus Fotos zusammenstellen und direkt in Ihre Bibliothek von Adobe Draw laden. Sehr praktisch!

Sketchbook
Eine beliebte Zeichen-App für künstlerisches Skizzieren. Die Werkzeuge sind toll. Viel mehr, als man eigentlich braucht.

Forge
Das ultimative Programm für Produktskizzen und hochwerteige Entwürfe.

Inkredible
Wenn Sie Handlettering und Kalligrafie mögen, dann ist diese App etwas für Sie.

Adobe Line
Für architektonische Zeichnungen.

Procreate,
Abgefahren, wenn Sie Künstler sind und schon Erfahrung mit Öl, Aquarell und etwas Photoshop haben. Könnte sein, dass Sie dann nur noch auf dem Tablet Kunst machen.

Software

Air Server
Unabdingbar, wenn Sie Ihren Tablet-Bildschirm in Webinaren, oder bei Telefonkonferenzen teilen möchten.

Pictochart
Infografiken mit vorgefertigten Icons bauen. Gratis-Version und kostenpflichtige Versionen zur Auswahl.
https://piktochart.com

VideoScribe
Whiteboardings erstellen; gibt es als Vollversion für Mac oder PC.

Creative Cloud
Illustrationen, Farbbibliotheken, PDFs, Zeichnungen und Projekte aus Adobe-Apps vom Tablet zum Computer senden. Das erspart viele Arbeitsschritte und viel Zeit.

Die Creative Cloud kostet allerdings ca. 30 € im Monat. Adobe Acrobat Pro erhalten Sie kostenlos im Creative Cloud-Abo. Damit können Sie PDFs erstellen, PDFs als Bilddatei direkt an Photoshop und Co. auf den Laptop senden.
https://www.adobe.com/de/creativecloud.html

Zenkit
Das wohl beste, schönste, vielseitigste und individualisierbarste Projektmanagement-Tool, das es zurzeit gibt, ist Zenkit aus Karlsruhe.
www.zenkit.com

16. Buchtipps

Der Wegweiser für den Graphic Facilitator

bit.ly/aufdemtablet-10

Wer:

Brandy Agerbeck ist eine Legende in der Szene. Sie arbeitet seit mehr als 20 Jahren als Graphic Facilitator und vergisst trotzdem nicht, dass auch sie noch ständig dazulernt.

Warum:

Weil Brandy, die konsequent und unnachahmlich ihren eigenen Stil lebt, hier ihre Schatzkiste öffnet. Wenn Sie über Grundlagen und Prinzipien des (Live-)Zeichnens schreibt, tut sie das aus ihrer langjährigen Erfahrung. Sie ist glaubwürdig darin, dass es ihr um das Fördern von Verständnis mit Hilfe von Skizzen und Bildern geht, nicht um Bling-Bling.

Alles nur geklaut

Wer:

Austin Kleon wurde spätestens mit den in mehrere Sprachen übersetzten Büchern »Steal like an Artist« und »Show your Work« bekannt. Er charakterisiert sich als zeichnenden Autor.

Warum:

Weil Austin feststellt, dass Kreativität überall ist, und für jede(n) da ist. Er ruft dazu auf, sich inspirieren zu lassen, ungeniert Ideen zu sammeln und zu mischen. Er macht mit seinen 10 Punkten Mut, auf anderen Geistesblitzen aufbauend seinen eigenen Dreh zu entwickeln, anstatt auf den Schmatz der Muse zu hoffen.

bit.ly/aufdemtablet-11

Draw to Win

bit.ly/aufdemtablet-12

Wer:

Dan Roam, Designer und Autor, landete mit »The Back of the Napkin« ("Auf der Serviette erklärt") einen Bestseller und bietet mit der »Napkin Academy« das erste Online-Programm für visuelles Arbeiten an.

Warum:

Weil das jüngste Werk von Dan den Schwerpunkt auf das »Verkaufen« von Ideen legt. Es zeigt, dass wir keine Künstler sein müssen, um uns mit einfachen visuellen Elementen verständlich auszudrücken und bei Kunden in guter Erinnerung zu bleiben. Der Abschnitt »To sell, draw together« betont das Miteinander beim Entwickeln von Ideen und Konzepten.

resonate

Wer:

Nancy Duarte, Autorin von »slide:ology«
und Inhaberin einer Agentur, die seit Ende
der 90er mit über 250.000 Präsentationen
die Wahrnehmung vieler bekannter Marken
verändert hat.

Warum:

Weil dieses Buch Redner, Zeichner und das
Publikum auf einer emotionalen Ebene
geschickt verbindet und Parallelen zum
Schreiben eines Drehbuches zieht. Es macht
deutlich, wie wichtig neben guter Vorbereitung und Rhetorik eine Geschichte ist, um
unsere Zuhörer zu fesseln, für unsere Ideen
zu begeistern und damit nachhaltig im Ge-
dächtnis zu bleiben.

bit.ly/aufdemtablet-13

Sketching at Work

Wer:

Martin Eppler ist Professor für Medienmanagement an der Uni St. Gallen und Roland Pfister Spezialist für Visuelle Kommunikation. Beide haben mehrere Bücher zum Thema Visualisieren verfasst.

Warum:

Weil besonders die zweite Auflage gut dem eigenen Anspruch »Weniger Missverständnisse, bessere Ergebnisse, mehr Motivation« entspricht und umsetzbare Werkzeuge anbietet, wenn es um Klärung von Fragen, Moderieren von Diskussionen und Strukturieren von Informationen geht. Das Buch macht einen Einstieg in die visuelle Problemlösung einfach.

Komm zum Punkt

Wer:

Thilo Baum, Kommunikationswissenschaftler und Journalist, ist Experte für Klartext und hilft Menschen und Organisationen, ihre Botschaften auf den Punkt zu bringen. Alles gesagt.

Warum:

Weil das Buch, mittlerweile in der vierten Auflage, enorm dabei hilft, sich wieder klar auszudrücken. Wir erfahren, wie wir unsere konkreten und positiven Aussagen ausgehend von unserem Ziel entwickeln und wie wir glaubwürdiger und damit vertrauenswürdiger wirken: weniger geschwurbeltes Geschwafel in Wort und Bild, mehr verständliche Botschaft.

bit.ly/aufdemtablet-15

Aufmerksamkeit

JON CHRISTOPH BERNDT

AUFMER FSAMKEIT

WARUM WIR SIE SO OFT VERMISSEN

UND WIE WIR KRIEGEN WAS WIR WOLLEN

Econ

bit.ly/aufdemtablet-16

Wer:

Jon Christoph Berndt ist Spezialist für Profilierung, Aufmerksamkeit und Vermarktung. Er lebt dafür, dass Unternehmen und Menschen sich überzeugend profilieren und präsentieren.

Warum:

Weil im Zeitalter von (mobilem) Internet, Social Media und Multitasking die Themen Aufmerksamkeit und Wertschätzung umso wichtiger, aber immer seltener werden. Jon Christoph Berndt sensibilisiert uns gewohnt fundiert und launig für den Umgang mit der Aufmerksamkeit, auch gegenüber visuellen Medien, und zeigt, wie wir davon profitieren.

Sketchnote Handbook

Wer:

Mike Rohde ist Interface Designer für Mobile und Web und hat als Grafikdesigner seine ersten Sketchnote-Techniken entwickelt. Er hat bereits mehrere Konferenzen live aufgezeichnet.

Warum:

Weil Mike Rohde jede Seite seines Buches liebevoll illustriert hat. Zudem haben 15 berühmte »Sketchnoter« jeweils eine Doppelseite gestaltet. Auf diese Weise ist ein wunderschönes Buch entstanden, das so leicht zu lesen ist wie ein Comic: ein weiterer Vorteil von Sketchnotes übrigens.

bit.ly/aufdemtablet-17

Wenn die Linie laufen lernt

bit.ly/aufdemtablet-18

Wer:

Petra Kaster studierte Visuelle Kommunikation und Kunsttherapie. Sie arbeitete als freie Trickfilmautorin und -realisatorin für den Südwestfunk, das ZDF, den WDR und NDR. Sie ist Gründungsmitglied der Cartoonlobby.

Warum:

Weil die preisgekrönte Karikaturistin Petra Kaster in diesem Buch das nötige Wissen zeigt, um Linien lebendig werden zu lassen. Mit viel Humor vermittelt sie in einer kleinen Comic-Anatomie, wie Augen, Nase, Mund und Körperhaltung ihren Wesen einen Charakter geben. Übungsseiten und viele Cartoons vermitteln mit einem Augenzwinkern das notwendige Know-how, um auch den eigenen Zeichnungen Leben einzuhauchen.

Visual Selling

Wer:

Miriam und Marko Hamel entwickelten eine spezielle Fragetechnik, den Visual Selling® Sales Punch. Dadurch ist es jedem möglich, live auf passende Bilder und Metaphern zu kommen, eine komplette Sales Story aufzubauen und Strategien visuell zu erarbeiten.

Warum:

Weil dieses Arbeitsbuch Sie befähigt, durch Live-Visualisierungen im Kundengespräch den Nutzen komplexer Produkte und Dienstleistungen sichtbar zu machen, schneller zu überzeugen und so den Vertriebszyklus erheblich zu verkürzen.

bit.ly/aufdemtablet-19

17. Gästeliste

Darf ich vorstellen?

Meine zauberhaften Gäste: Experten, die mir schon sehr häufig wertvolle Tipps gegeben haben, um in »dem Dschungel da draußen« zu überleben. Marko Hamel kenne ich seit Jahren. Er faszinierte mich mit seiner genialen Fragetechnik in Kundengesprächen.

Dr. Reinhard Ematinger brachte mich 2011 dazu, Visualisierungs-Workshops zu geben. Manchmal geben wir gemeinsam Workshops, manchmal jeder für sich. Denn sein Hauptthema ist eigentlich das Testen und Überprüfen von Geschäftsmodellen.

Isolde Fischer und Stefan Hillebrand sind Genies! Das dachte ich schon bei der ersten Unterhaltung nach einem Auftritt vor fünf Jahren. Er ist ein ausgezeichneter Regisseur und sie ist eine preisgekrönte Schauspielerin. Sie helfen Unternehmen und deren Mitarbeitern, positiv aufzutreten und starke Geschichten zu entwickeln.

Marko Hamel
Trainer und Digital Moderator
visualselling.de

Marko Hamel gründete zusammen mit Miriam Hamel »Visual Selling«. Sie waren beide über zehn Jahre in Beratung und Vertrieb von IT-Sicherheitssoftware sowie als Trainer bei SAP tätig. In ihren weiteren Tätigkeiten als IT-Auditor bzw. Datenschutzexperten erweiterten sie ihr Wissen und stellten immer wieder fest, wie schwierig es ist, komplexe Sachverhalte nur über Text verständlich zur erklären: Missverständnisse raubten wertvolle Arbeitszeit, zerstörten häufig Vertrauen und verzögerten Entscheidungen. Erst durch die Verwendung von Visualisierungen, die von beiden live im Gespräch erstellt wurden, konnten sie eine deutliche Besserung feststellen.

Aus diesem Grund entwickelten sie die »Visual Selling®«-Methode. Im Laufe der Zeit ergänzten sie diese durch eine spezielle Fragetechnik, den »Visual Selling® Sales Punch«. Dadurch ist es nun möglich, live auf passende Bilder und Metaphern zu kommen, eine komplette Sales Story aufzubauen und Strategien visuell zu erarbeiten.

Diese Methode lässt sich genauso hervorragend in Vertriebsgesprächen, Trainings und im Marketing verwenden. Denn verkauft wird überall: eigene Ideen, neue IT-Projekte, Wünsche und Vorstellungen.

Reinhard Ematinger

Experte für New Business
ematinger.com

Stefan Hillebrand und Isolde Fischer

Impro-Workshops und Business-Theater
drama-light.de

Dr. Reinhard Ematinger setzt auf die sinnvolle Verbindung erprobter Werkzeuge aus Business Model Generation, Customer Value Design, Jobs-to-be-Done und LEGO SERIOUS PLAY®, um seinen Kunden und Studenten brauchbare Impulse zur Gestaltung und Umsetzung funktionierender Geschäftsmodelle und begeisternder Value Propositions anzubieten.

Nach seinem Abschluss als Maschinenbau-Ingenieur an der HTL Linz studierte er an der Montanuniversität Leoben und graduierte an der Oakland University zum Master of Science in Engineering Management. Er promovierte zum Thema »Facilitating Business Model Generation emphasizing Customer Value through a Serious Play Approach« an der Mendel-Universität Brünn.

Seit 2016 ist er Gastprofessor für Betriebswirtschaft an der Universidad Autónoma de Guadalajara in Villahermosa. Internationale Aufträge als Referent und Berater, über 100 Semester Lehraufträge an 15 staatlichen und privaten Hochschulen in Deutschland und Österreich, mehrere Sachbücher und 22 Jahre Konzernerfahrung in IT-Beratung, Business Development und Corporate Universities stellen die Relevanz und den Anspruch der Vorträge und Workshops von Reinhard Ematinger sicher.

Stefan Hillebrand und Isolde Fischer erzählen seit vielen Jahren vor und hinter der Kamera Geschichten, die ihnen viele internationale Auszeichnungen einbrachten.

Seit über 25 Jahren entwickeln sie mit dem Improvisationstheater »DRAMA light« live, spontan und im Moment, Bühnengeschichten zusammen mit dem Publikum.

Und in ihren Trainings und Coachings helfen sie Unternehmen, Teams und Einzelpersonen dabei, ihre Geschichte positiv weiterzuerzählen.

Sandra Schulze ist freiberufliche Illustratorin und unterrichtet an der Hochschule Karlsruhe Visuelle Kommunikation. An der Hochschule Ludwigshafen hatte sie einen Lehrauftrag zu Service Design Thinking inne.

Seit 2008 visualisiert sie live für mittelständische Unternehmen. Durch Ausbildung und Studium in Kommunikationsdesign, Erfahrung aus eigener freiberuflicher Arbeit mit mittleren und großen Unternehmen entwickelte sie die Leidenschaft, Ideen einzufangen und so zu visualisieren, dass die Aussage mitten ins Herz trifft.

Danke schön,

lieber Herr Dr. Ematinger, fürs Erschnüffeln von interssanten Inhalten und für den saukomischen und lehrreichen Beitrag über das Story Canvas. Ich liebe dich!

Frau Lauer, fürs Motivieren, Unterstützen und Mitdenken.

lieber Marko Hamel, für die extra Arbeit und dein Know-how über virtuelle Meetings und Kundengespräche. Von dir konnte ich wieder ein paar Tricks lernen.

lieber Stefan und liebe Isolde, für euren erfrischenden Buchbeitrag über das Spinnen von Geschichten. Ihr wisst einfach, wie es geht!

Danke schön, liebe Familie. Für alles.

Ente gut,
alles gut!